Karl-Heinz Brück (Hrsg.)

**FAHRZEUG-
VERGLASUNG**

Sehr geehrter Leser,

bei den nachfolgenden Aufsätzen handelt es sich um die Referate einer Tagung des HAUSES DER TECHNIK in Essen. Das HDT, ein Außeninstitut der Technischen Hochschule Aachen, ist die älteste Weiterbildungseinrichtung für Ingenieure in Deutschland und gehört zu den größten ihrer Art.

Pro Jahr werden fast 1000 Tagungen und Seminare auf unterschiedlichsten Gebieten durchgeführt. Die Veranstaltungspalette umfaßt Bereiche und Branchen, wie beispielsweise Qualitätswesen, Fertigungstechnik, Instandhaltung, Bauwesen, Maschinenwesen, Elektrotechnik und Elektronik, Energietechnik, Verfahrenstechnik, Umweltschutz, Chemie, Medizin und Biotechnik.

Ein besonderer Schwerpunkt ist das Fahrzeugwesen. Themen wie Geräuschminderung, Fahrwerkstechnik, Rußminderung, Autolackierungen, Fahrzeugklimatisierung, Korrosionsschutz und Kraftfahrzeug-Elektronik stehen stellvertretend für fast 200 Tagungen, die in den letzten Jahren auf diesem Gebiet im Haus der Technik stattfanden.

Natürlich können immer nur einige wenige Tagungen als Buch herausgegeben werden. Auch kann ein noch so gut gemachtes Buch niemals den Besuch einer Fachtagung, bei der vielfach die Diskussion und die persönlichen Gespräche im Mittelpunkt stehen, ersetzen.

Falls Sie über das aktuelle Programm des HAUSES DER TECHNIK ständig unterrichtet werden möchten, rufen Sie uns an oder schreiben Sie uns. Für spezielle Fragen steht Ihnen Herr Dr. Hahn gerne zur Verfügung.

Ihr
HAUS DER TECHNIK

Fortschritte der Fahrzeugtechnik 4

Karl-Heinz Brück (Hrsg.)

FAHRZEUG-VERGLASUNG

Entwicklung · Techniken · Tendenzen

Referate der Fachtagung Fahrzeugverglasung

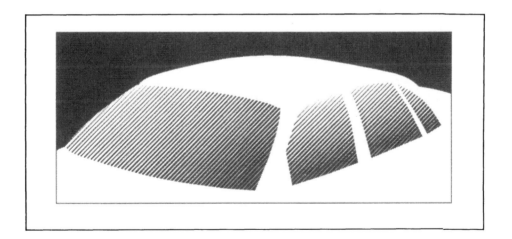

Friedr. Vieweg & Sohn   Braunschweig/Wiesbaden

Fortschritte der Fahrzeugtechnik

Exposés oder Manuskripte zu dieser Reihe werden zur Beratung erbeten unter der Adresse:
Verlag Vieweg, Postfach 5829, D-6200 Wiesbaden

Dieser Band enthält die Referate der Fachtagung Fahrzeugverglasung vom 30. November 1989 im Haus der Technik, Essen

Herausgeber:
Ing. *Karl-Heinz Brück* ist Leiter der Abteilung Anbauteile und Verglasung in der Forschung und Entwicklung der Volkswagen AG, Wolfsburg

Der Verlag Vieweg ist ein Unternehmen der Verlagsgruppe Bertelsmann International.

Alle Rechte vorbehalten
ISBN 978-3-528-06370-2   ISBN 978-3-322-91761-4 (eBook)
DOI 10.1007/978-3-322-91761-4
© Friedr. Vieweg & Sohn Verlagsgesellschaft mbH, Braunschweig 1990

Das Werk einschließlich aller seiner Teile ist urheberrechtlich geschützt. Jede Verwertung außerhalb der engen Grenzen des Urheberrechtsgesetzes ist ohne Zustimmung des Verlags unzulässig und strafbar. Das gilt insbesondere für Vervielfältigungen, Übersetzungen, Mikroverfilmungen und die Einspeicherung und Verarbeitung in elektronischen Systemen.

Umschlaggestaltung: Wolfgang Nieger, Wiesbaden

Vorwort

Die Fahrzeugverglasung hat in den letzten 10 Jahren an Bedeutung und Umfang zugenommen.

Aus einfachen Sichtfenstern haben sich Fahrzeugscheiben zu multifunktionalen Bauteilen entwickelt.

Die technische Qualität und die ästhetischen Merkmale moderner Fahrzeuge werden durch die Fahrzeugverglasung in zunehmendem Maße beeinflußt.

Diese dynamische Entwicklung wird durch Einsatz neuer Technologien — Mechanisierung und Automatisierung — in der Glas- und Fahrzeugindustrie begleitet.

Die das Bauteil „Glas" betreffende Logistik muß verbessert werden, um z.B. die Durchlaufzeiten von Bestellung bis Auslieferung zu reduzieren. Das Zusammenführen von Arbeitsfolgen an einem Ort ist eine Möglichkeit für eine solche Verbesserung.

Die Tagung möchte einen umfassenden und aktuellen Überblick über den Stand der Fahrzeugverglasung vermitteln und Wege für künftige Entwicklungen aufzeigen.

Wolfsburg, November 1989   *K.-H. Brück*

Referentenverzeichnis

Ing. *K.-H. Brück*, Volkswagen AG, Wolfsburg

Dipl.-Ing. *S. Driller*, Volkswagen AG, Wolfsburg

Dipl.-Ing. *S. Härdl*, Audi AG, Ingolstadt

M. Herrmann, Gurit-Essex (Deutschland) GmbH, Pullach

Dr. *H. Kunert*, Sekurit-Glas-Union GmbH, Aachen

Dipl.-Ing. *B. Post*, Volkswagen AG, Wolfsburg

Dipl.-Ing. *G. Sauer*, Sekurit-Glas-Union GmbH, Aachen

Dipl.-Ing. *G. Teicher*, Adam Opel AG, Rüsselsheim

Inhaltsverzeichnis

Gesamtüberblick Fahrzeugverglasung 1
K.-H. Brück

Technische Anforderungen an Sicherheitsglas und Verglasungswerkstoff
im Rahmen nationaler und internationaler Gesetzgebung 8
B. Post

Anforderungen der Automobilindustrie an die Glashersteller
— von der Projektdefinition bis zur Serie 20
S. Härdl

Glasherstellung im Wandel der Technik 42
H. Kunert

Prüfung von Fahrzeugscheiben und Entwicklung neuer Prüfverfahren 52
G. Teicher

Verglasungssysteme — Herkömmlich bis Flashglazing 70
S. Driller

Gesamtsysteme Verklebetechnik, 1 K, 2 K, einschließlich Vorbehandlung
von Glas und Karosserien 97
M. Herrmann

Innovationen auf dem Glassektor 114
G. Sauer

Gesamtüberblick Fahrzeugverglasung
K.-H. Brück

Die 103-jährige Automobilentwicklung ist eng mit der Glasherstellung verbunden. Obwohl in den Anfängen der ersten Automobile noch keine oder nur teilweise Scheiben eingesetzt wurden, hat doch der Fortschritt dazu geführt, die Insassen bei guter Sicht vor Witterungseinflüssen zu schützen.

Mit der schnellen Automobilentwicklung, der Einführung von gesetzlichen Vorschriften, war es erforderlich, die Verfahrensentwicklung für die Glasherstellung diesen Forderungen anzupassen.

Bild 1: Entwicklung der Fahrzeugverglasung

Bild 1 zeigt die Entwicklung der Fahrzeugverglasung in groben Schritten.

Der Doktorwagen der Fa. Opel aus dem Jahre 1908 hatte noch keine Scheiben. An der Bauart ist der Kutschenwagen als Vorläufer des Automobils deutlich erkennbar.

Der Tourenwagen von Mercedes, Baujahr 1921, hatte bereits eine Windschutzscheibe.

Die Fahrzeuge der neuen Generation, wie z. B. VW-Passat, haben eine integrierte flächenbündige Verglasung, die alle Sicherheits- und Gesetzesforderungen erfüllt.

Bild 2: Anforderungen an Fahrzeugverglasung

An die Fahrzeugverglasung der neuen Generation werden eine Reihe von Anforderungen und Wünschen gestellt (s. Bild 2).

Jeder aufgeführte Punkt stellt eine berechtigte Forderung dar. Aber es gilt bei manchem Zielkonflikt, alle Anforderungen zu einem tragbaren Kompromiß zusammenzuführen.

Die Sicht und der Insassenschutz sind für die Passagiere, besonders aber für den Fahrzeuglenker, von größter Bedeutung. Eine gute Rundumsicht und die Schutzfunktion der Fahrzeugverglasung haben einen hohen Stellenwert zur aktiven und passiven Sicherheit der Fahrzeuge.

Gute Aerodynamik eines Fahrzeuges erfordert eine außenflächenbündige Verglasung. Glücklicherweise stützt diese Verglasungsart die ästhetische Qualität des Fahrzeuges. Ein Zielkonflikt tritt hier nicht auf.

Die Qualitäten einer "aerodynamischen" Verglasung können mit Geräuschverminderung, Kraftstoffverbrauchseinsparung und damit Stützung des Umweltschutzes beschrieben werden.

Das Wohlbefinden in einem Fahrzeug wird stark durch die Fahrzeugverglasung mitbestimmt. Durch die größeren und flacher geneigten Scheiben werden die Insassen der direkten Strahlung stärker ausgesetzt, und der Fahrgastraum heizt sich schneller auf.

Wärmeschutzscheiben jeglicher Art und/oder Belüftungssysteme, die von beschichteten Scheiben betrieben werden, sind Zukunftsentwicklungen, die in die Praxis umgesetzt werden müssen.

Die Geräuschreduzierung (Wind-, Roll- und Motorgeräusch) im Innenraum der Fahrzeuge ist im Rahmen des steigenden Komfortanspruches von großer Bedeutung.

Die Fahrzeugverglasung kann hier einen guten Beitrag leisten. Isolierglasscheiben für Seitenverglasung sind bei Reisebussen im Einsatz. Die Problematik ist sicherlich einfacher beherrschbar als bei stark verformten PKW-Scheiben. Dennoch muß auf diesem Sektor die Entwicklung zielgerichtet für eine Rundumverglasung weitergeführt werden. Vorteile liegen nicht nur auf dem Gebiet der Akustik, sondern auch für Wärme-Kälte und Beschlagfreiheit sind Vorteile zu erwarten.

Der Nachteil hinsichtlich höherer Kosten und Gewichte kann möglicherweise durch gesteigertes Wohlbefinden gerechtfertigt werden.

Die feste Verglasung als tragendes Element für die Karosseriestruktur heranzuziehen, war schon immer Wunsch der Automobilbauer. Mit Einsatz der geklebten Scheiben kann ein Steifigkeitszuwachs von bis zu 20 % angesetzt werden. Die Torsions- und Biegesteifigkeit einer Karosserie wird durch geklebte Scheiben erhöht. Hierbei sind die Strukturen der jeweiligen Karosserien entscheidend. Gewichtsreduktion durch verklebte Scheiben ist möglich.

Die bisherige Gummiverglasung ist ein wartungsfreundliches System. Mit verstärktem Einsatz von geklebten Scheiben ist dieser Vorteil im Reparaturfall nicht mehr gegeben. Für zukünftige Projekte sind reparatur- und wartungsfreundliche Systeme zu entwickeln. Die Wartezeiten und Kosten für einen Scheibenwechsel müssen auf ein vertretbares Maß reduziert werden. Die schnelle Verfügbarkeit des Fahrzeuges nach einem Scheibenwechsel muß möglich sein.

In die Fahrzeugverglasung können weitere Funktionselemente integriert werden, wie z. B. Antenne, Head-up-Display, Solarzellen, Beheizung, Beschichtung.

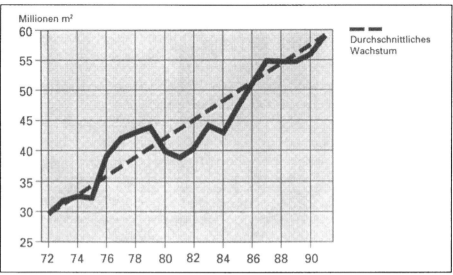

Bild 3: Einschätzung des Automobilglas-Marktes ESG und VSG in Bx, D, E, F, I, S, GB
(Quelle: Sekurit-Glas-Union GmbH)

Eine Übersicht des Glasmarktes für die Automobilindustrie aufgeteilt nach Bundesrepublik Deutschland, Europa, gesamte Welt gibt es nicht.

Von der Firma Sekurit-Glas-Union GmbH wurde eine globale Marktentwicklung erstellt (s. Bild 3). Sie zeigt ein stetiges Wachstum.

Die Verdoppelung der Glasmenge von 1977 bis 1995 ist nicht nur auf die gestiegene Zahl produzierter Automobile, sondern auch auf die vergrößerten Glasflächen pro Fahrzeug zurückzuführen.

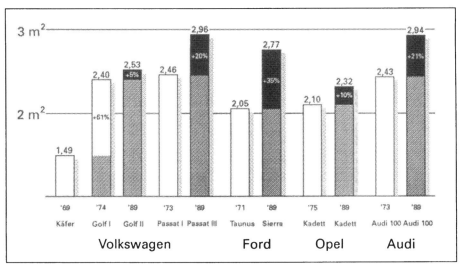

Bild 4: Entwicklung der Scheibenfläche (Quelle: Cars-Datenbank / Volkswagen AG)

Bild 4 zeigt, wie sich die Größen der Scheibenflächen an verschiedenen Fahrzeugen bis 1989 entwickelt haben. Die Zuwachsrate liegt bei 10 - 60 %.

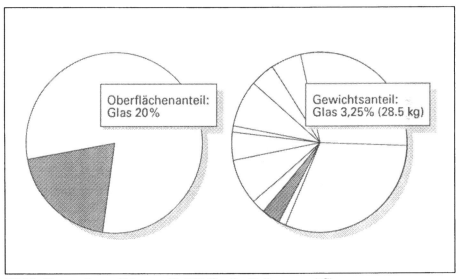

Bild 5: Glasanteile pro Fahrzeug, Golf II (Quelle: Volkswagen AG)

Welchen Glasanteil ausgedrückt in %, Fläche bzw. Gewicht hat ein Mittelklassefahrzeug? Das Bild 5 zeigt, daß die Oberfläche eines Fahrzeuges zu 20 % aus Glas besteht. Der Anteil am Fahrzeuggewicht beträgt 28,5 kg = 3,25 %.

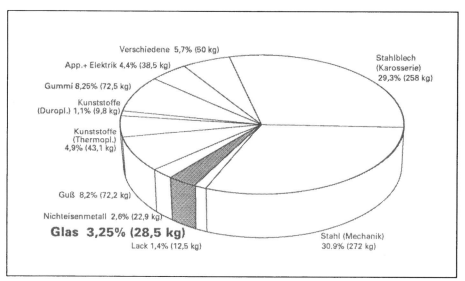

Bild 6: Werkstoff-Anteile am PKW, Golf II (Quelle: Volkswagen AG)

Bild 6 gibt eine Gesamtübersicht über die Gewichtsanteile der unterschiedlichen Werkstoffe eines VW-Golf II mit einem Gesamtgewicht von 880 kg.

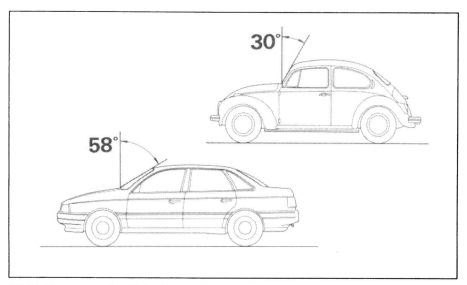

Bild 7: Neigungswinkel: Käfer / Passat III

Wie bereits erwähnt, haben sich die Neigungswinkel der Scheiben stark vergrößert, bei den Windschutzscheiben um fast den Faktor 2 (Bild 7).

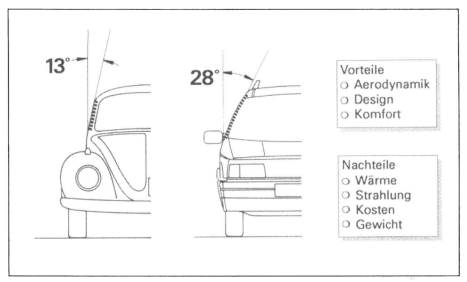

Bild 8: Neigungswinkel: Käfer / Passat III

Die Neigungswinkel der Seitenscheiben wurden um mehr als den Faktor 2 vergrößert (siehe Bild 8).

Zusammenfassung

Der Überblick hat gezeigt, daß es auf verschiedenen Gebieten der Fahrzeugverglasung hoffnungsvolle Ansätze gibt, den Stellenwert dieser innerhalb der Fahrzeugentwicklung zu festigen bzw. weiter auszubauen.

Das Engagement aller Partner ist gefordert.

Nur gemeinsam können wir erfolgreich sein.

Technische Anforderungen an Sicherheitsglas und Verglasungswerkstoff im Rahmen nationaler und internationaler Gesetzgebung

B. Post

1. Einleitung

Es gibt zahlreiche Vorschriften und Normen zum Thema Sicherheitsverglasung. Neben den vielen einzelstaatlichen Vorschriften gibt es z. Z. eine internationale Vorschrift die ECE-R43, die vielseitig anerkannt wird. Umfassend sind aber auch die Detail-Vorschriften zu einzelnen physikalischen Parametern, die von Sicherheitsverglasungswerkstoffen einzuhalten sind. Neben den technischen Anforderungen an die Verglasung beinhaltet das ECE-Reglement aber auch die administrativen Einzelheiten für die Erlangung einer Genehmigung, für die Zusammenfassung von Scheiben zu Scheibenfamilien zur Reduktion der Anzahl von Genehmigungen bei gleichem Grundtyp, für die Konformität der Serienproduktion und für die Kennzeichnung zur Erkennung der Scheibenart und Genehmigungsnummer.

Im Nachfolgenden sollen einige Einzelheiten der verschiedenen Glasvorschriften dargestellt werden und die durch die Verabschiedung des ECE-Reglements erreichte Teil-Harmonisierung beschrieben werden.

Grundsätzlich gibt es verschiedene Bereiche, in denen direkt oder indirekt auf die Verglasung bezogene Gesetze existent sind. Die wesentlichen sind:

- Materialanforderung an die Verglasung
- Einbauanforderungen (für starre und bewegliche Scheiben)
- Anforderungen für Sonderverglasungen.

Die meisten Vorschriften beziehen sich auf das Material der Verglasung. Es sind mechanische, optische, chemische und nicht zuletzt administrative Anforderungen zu erfüllen. Die meisten Anforderungen bestehen in der Form von Leistungskriterien, die mit Hilfe von genau definierten Prüfverfahren bestimmt werden. Da in einem der Folgereferate auf die Einzelheiten dieser Prüfverfahren eingegangen wird, möchte ich mich im wesentlichen auf die Nennung einiger Prüfkriterien und auf die Entwicklung der Gesetzesvorschriften in der Vergangenheit und in der Zukunft beschränken. Darüberhinaus möchte ich einen Überblick über die gesetzgebenden Gremien und die üblichen Verfahren zur legislativen Entwicklung geben.

2. Gesetzgebende Gremien und Vorschriften

Um einen allgemeinen Überblick über die legislative Entwicklung zu geben, möchte ich beispielhaft kurz die schematische Darstellung einiger Verfahrensabläufe geben. Im nationalen wie im internationalen Bereich kann die Initiative zu einer Gesetzesgebung von den verschiedensten Interessengruppen der Gesellschaft oder direkt vom Staat kommen. Anlaß dafür sollte auf dem Gebiet der Sicherheit grundsätzlich der Nachweis der Regelungsbedürftigkeit durch entsprechende Untersuchungen des Unfallgeschehens sein. In Bild 1 ist der Ablauf der Vorschriftenentwicklung in der Bundesrepublik schematisch dargestellt.

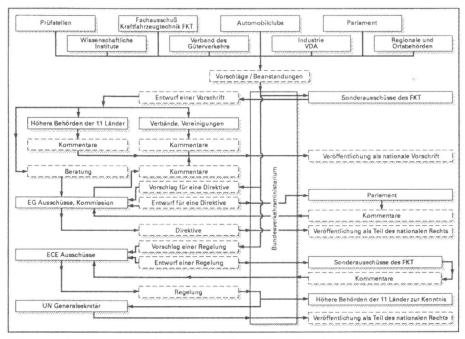

Bild 1: Erarbeitung von gesetzlichen Vorschriften in Deutschland (aus [1])

Im oberen Drittel sind die wichtigsten beteiligten Körperschaften dargestellt. Darunter erscheint in der Reihenfolge die Entwicklung einer nationalen Vorschrift, einer EG-Direktive und eines ECE-Reglements. Die beiden letztgenannten Vorschriften werden in den zur Zeit bedeutendsten internationalen Gremien erarbeitet. In den Bildern 2 und 3 ist der Aufbau dieser Gremien dargestellt.

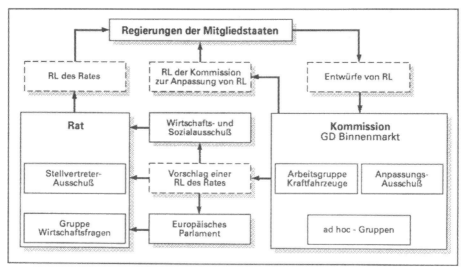

Bild 2: Die für den Kraftfahrzeugbereich wesentlichen Gremien der Europäischen Gemeinschaft (RL=Richtlinien) [2]

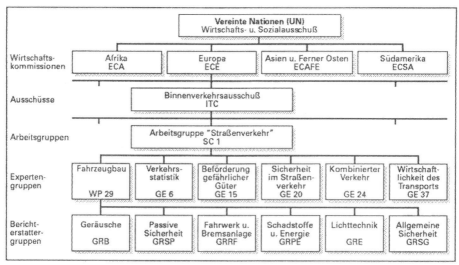

Bild 3: Die für den Kraftfahrzeugbereich wesentlichen Gremien im Rahmen der Wirtschaftskommission der Vereinten Nationen (UN) [2]

Interessant ist bei der EG nicht nur die Beteiligung der nationalen Regierungen, sondern auch des Europäischen Parlaments und des Wirtschafts- und Sozialausschusses. In dem letztgenannten Ausschuß sind wiederum drei Hauptinteressengruppen vertreten:

I. Die betroffenen Hersteller/Industrie
II. Die Arbeiternehmer/Gewerkschaften
III. Die diversen Interessenvertretungen (z. B. Verbraucherverbände, Umweltschützer, usw.)

Die ECE erarbeitet die Kraftfahrzeugtechnischen Vorschriften im Rahmen der WP 29 (Working Party der Experten), der wiederum verschiedene Berichterstattergruppen (Groupe de Rapporteurs = GR) zu den fachspezifischen Themen zur Verfügung stehen. In der GRSG (Groupe de Rapporteurs Sécurité Général) z. B. wurde die ECE-R43 Sicherheitsglas erstellt. Eine Übersicht der an ECE bzw. EG beteiligten Mitgliedsnationen ist in Bild 4 dargestellt.

Bild 4: Mitgliedsstaaten der EG und ECE

Wie zahlreich auch heute noch die Vorschriften über Sicherheitsverglasung sind, ist dem folgenden Bild 5 zu entnehmen.

Land/Internat. Organ	Vorschriftenbezeichnung	ECE anerkannt
Deutschland (BRD)	StVZO §22a, 40 Abs.1, TA-Nr. 29 darüber hinaus: 1) §19 Abs.2 u. 35b in Verbind. mit Folien 2) §30 in Verbind. mit fremdkraftbetätigten Fensterhebern	ja
Deutschland (DDR)	StVZO §38	ja
Australien	ADR 8/00	teilweise
Belgien	AR (Arrêté Royal) Kap.VII, Art.58	ja
Brasilien	Beschluß-Nr. 461/72 u. 463/73	nein
Dänemark	RL f. die Kraftwagenprüfer des Justizminist. (WS-Scheiben müssen aus VSG bestehen, die ANSI Z 26.1 entsprechen)	ja[1]
Frankreich	VO vom 20.06.83 (bezieht sich auf Scheiben aus Kunststoff)	ja
Großbritannien	C+U-Regulation 31 + 32	ja
Italien	Artikel 78 (+ Gegenseitigkeitsabkommen mit BRD)	ja
Japan	Artikel 29	ja[2]
Kanada	CMVSS 205/212 + 118 (entspricht USA)	nein
Schweden	TSVFS 1985:23 (außer ECE wird auch USA akzeptiert)	ja
Spanien	Dekret vom 13.07.83 (nat. Gesetz entspricht ECE)	ja
Südafrika	Gov. Gazette vom 14.05.82 (SABS 1191-1978) für VSG u. SABS 1193-1978 für ESG	nein
USA	Uniform Veh. Code Kap.12, Art.4 (Glas-Hersteller-Liste), VESC-20 CFR Part 393/Part 571, FMVSS 205/212 (beide Parts nehmen Bezug auf ANSI-Z 26.1a) FMVSS 118 (fremdkraftbetätigte Fensterheber)	nein
ECE	Reglement 43	

[1] Dänemark akzeptiert Verbundglas-Windschutzscheiben auch nach ECE, obwohl es der Regelung ECE-43 noch nicht beigetreten ist

[2] auch einige andere nationale Genehmigungen werden (außer für Windschutzscheiben) akzeptiert

Bild 5: Übersicht der wichtigsten nationalen und internationalen Vorschriften über Fahrzeugverglasung

In dieser Übersicht habe ich nur die Vorschriften aufgelistet, die sich relativ ausführlich mit der Thematik Sicherheitsverglasung befassen. Enthalten sind teilweise allerdings auch die Vorschriften über die Einbaufestigkeit und über Randgebiete wie fremdkraftbetätigte Fensterheber. Welche harmonisierende Wirkung dem ECE-Reglement 43 zukommt, ist der rechten Spalte zu entnehmen. Bei den ECE-Mitgliedsstaaten bedeutet der Beitritt zum Reglement, daß sie bei Erfüllung dieser Vorschrift keine weiteren Anforderungen mehr stellen. Nicht abgedeckt ist mit dem Reglement aber der Einbau im Fahrzeug, dies steht bereits im Anwendungsbereich. Hieraus kann man schließen, daß z. B. ein Mitgliedsstaat für sein Territorium ausschließlich die Verwendung von Verbundglaswindschutzscheiben fordern kann. Oder er könnte auch zusätzliche Anforderungen an die Einbaufestigkeit im Fahrzeug stellen. Dies ist eine etwas unbefriedigende Situation, die man bei der Verabschiedung der entsprechenden EG-Direktive berücksichtigen sollte. VSG ist bei den heutigen PKW-Typen kein Problem, aber man muß es nicht unbedingt vorschreiben per Gesetz. Vieles regelt der freie Markt von selbst. Außerdem sollte die Weiterentwicklung der Alternativen offen gehalten werden.

Welche Länder heute VSG für Windschutzscheiben (zumindestens bei PKW) vorschreiben, ist nachfolgend aufgestellt (Stand 8/89):

Dänemark (alle), DDR, Finnland, Frankreich, Israel, Italien, Japan, Mexiko, Norwegen, Saudi Arabien und Golf-Staaten, Schweden, Schweiz (für leichte Motorwagen), Südafrika, USA/Kanada.

Bei der Frage der Einbaufestigkeit im Fahrzeug sehe ich z. Z. keine weitere Regelungsbedürftigkeit. Der langjährige Bestand des US-FMVSS 212 hat bei den meisten Großserienfahrzeugen zu akzeptablen Konstruktionen geführt und die heute für die Windschutzscheiben überwiegend verwendete Klebetechnik bietet hinreichend Festigkeit.

Grundsätzlich ist bei der Entwicklung von Vorschriften zu beachten, daß möglichst keine Konstruktions- sondern Leistungsanforderungen festgelegt werden sollten. Es sollte im Sinne der Konstruktionsfreiheit nicht festgelegt werden, wie ein Teil oder z. B. mit welchen Materialien ein Teil gebaut sein muß, sondern welche die Sicherheit, Funktion oder Umwelt beeinflußende Eigenschaft ein Bauteil oder Fahrzeug haben soll. Nur so kann man innovationshemmende Forderungen vermeiden.

3. Die Bedeutung der Normung bei der Entwicklung von Vorschriften

Im Regelfall geschieht die Entwicklung von Normen vor der Existenz von Vorschriften. Die Normen, die u. a. alle wesentlichen Prüfverfahren definieren, werden üblicherweise unter starker Beteiligung der betroffenen Industrie erstellt. In Deutschland befaßt sich z. B. mit dem Thema Sicherheitsglas der Arbeitsausschuß NMP 361 "Prüfung von Sicherheitsglas" (NMP bedeutet: Normenausschuß Material-Prüfung) sowie dessen Unterausschuß NMP 361.1 "Optische Prüfung von Sicherheitsglas". Auch die nationalen Aktivitäten im Rahmen der Mitarbeit in dem ISO Subcommittee TC22/SC11 werden von diesen beiden Ausschüssen wahrgenommen, d. h., die Arbeiten des früheren Spiegelausschusses Fakra AA-I11 sind hier übernommen worden. Der Vorteil der Normung als oft notwendige Basis für die Gesetzgebung liegt darin, daß die erarbeiteten Prüfverfahren aufgrund der fachkompetenten Zusammensetzung der Ausschüsse als dem "Stand der Technik" entsprechende "Meßlatte" für die vom Gesetzgeber zu definierenden Mindestanforderungen zu verwenden sind. Die Umsetzung dieser Normen in die Gesetze geschieht oft auf unterschiedliche Art: Oft wird bei der Festlegung von Leistungskriterien in den Gesetzen bezuggenommen auf die Normen lediglich in Form der Bezeichnung und eventuell der Bezugsquelle. Dies ist ein platzsparender und Übertragungsfehler vermeidender Weg, der z. B. in der US-Gesetzgebung sehr oft angewendet wird. Auch die für Sicherheitsglas in USA wichtigste Norm, die ANSI-Z26.1, ist im US-FMVSS 205 lediglich als Referenz angegeben. Anders ist man bei der Erstellung der

ECE-R43 vorgegangen, in der man alle erforderlichen Prüfverfahren in das Gesetz ohne Bezug auf andere Normen textlich integriert hat. Die Prüfverfahren allerdings entsprechen im wesentlichen den bekannten ISO-Standards, die meistens wiederum mit den entsprechenden DIN-Normen übereinstimmen.

Aufgabe der Normungsgremien ist u. a. auch bei der Entstehung neuer Technologien umgehend die Prüfverfahren daraufhin anzupassen oder geeignete neue zu schaffen. Insbesondere im Hinblick auf die zunehmende Verwendung von "hart" oder "weich" eingestellten Kunststoffen ist z. B. die Erweiterung des Phantomfallversuchs unter Einbeziehung des Kopfverletzungskriteriums (HIC 1000) zu sehen. Auf der anderen Seite gibt es bei der Entwicklung neuer Technologien Situationen, in denen die Frage zu stellen ist, ob früher aufgestellte Grenzkriterien, die von den damals bekannten Materialien bzw. Techniken leicht zu erfüllen waren, für die neue Technologie aber Schwierigkeiten bereiten, unter funktionalen und sicherheitsbezogenen Gesichtspunkten aufrecht zu erhalten oder unter Umständen hier Abstriche zu akzeptieren sind. Dies ist z. B . geschehen und vom Gesetzgeber (z. B. auch in ECE-R43 und US-FMVSS 205) akzeptiert worden bei Glasscheiben mit einer auf der Innenseite aufgebrachten Kunststoffschicht. Die verletzungsmindernde Wirkung dieser Scheiben hat u. a. diesen Kompromiß ermöglicht. Grundsätzlich sollte man sich bei der Festlegung von Grenzkriterien danach richten, was für die einwandfreie Funktion im praktischen Betrieb unter Berücksichtigung aktiver und passiver Sicherheitsaspekte erforderlich ist. Das Festlegen von Grenzkriterien ist in der Regel aber nicht Aufgabe der Normung, sondern diese sollten normalerweise vom Gesetzgeber unter Berücksichtigung der Prüfverfahrens-Parameter definiert werden.

4. Beispiele der Technischen Anforderungen zur Erhöhung der aktiven und passiven Sicherheit

Da die Prüfungen zu diesen Anforderungen detailliert in einem weiteren Referat erscheinen, möchte ich lediglich stichpunktartig die Prüfpunkte nennen, die in der ECE-R43 enthalten sind:

- Prüfung der Bruchstruktur an vorgespanntem Glas:
  Das Bruchbild muß verschiedene Zonen der Krümelung beinhalten, die einmal optimale verletzungsmindernde Wirkung haben und andererseits bei Windschutzscheiben eine hinreichende Sichtinsel mit größerer Bruchstruktur hinterlassen.

- Prüfung der mechanischen Materialfestigkeit
  a) Kugelfallprüfung bei VSG mit der kleinen (227 g) Stahlkugel zur Feststellung der Adhäsion der Zwischenschicht und mit einer großen (2260 g) Kugel zur Prüfung des Durchdrin-

gungswiderstandes. Bei 4 m Fallhöhe darf die Scheibe nicht durchschlagen werden.
b) Phantomfallprüfung zur Feststellung des Verletzungsrisikos des Kopfes.

- Prüfung der Beständigkeit gegen äußere Einwirkung
a) Abriebfestigkeit mit Reibradverfahren, anschließende Streulichtmessung
b) Prüfung unter erhöhter Temperatur für VSG und Glas-Kunststoffscheiben. Es dürfen keine Blasen und andere Fehler auftreten
c) Bestrahlungsbeständigkeit bei VSG und Glas/Kunststoff. Es dürfen keine wesentlichen Verminderungen der Lichttransmission und keine deutlichen Verfärbungen der Folie auftreten.
d) Prüfung der Feuchtigkeitsbeständigkeit bei VSG und Glas/Kunststoff: Es dürfen keine wesentlichen Veränderungen auftreten
e) Prüfung der Temperaturwechselbeständigkeit. Danach ebenfalls keine wesentlichen Veränderungen.

- Prüfung der optischen Eigenschaften
a) Prüfung der Lichttransmission: für Windschutzscheiben mindestens 75 %, sonst 70 %
b) Prüfung der optischen Verzerrung: Lichtablenkung darf bestimmten Grad nicht überschreiten, um Irritation für Fahrer zu vermeiden
c) Prüfung auf Doppelbild: Dabei darf ein bestimmter Winkelwert nicht überschritten werden
d) Prüfung auf Farberkennung: Farbverwechselungen dürfen nicht auftreten

- Prüfung des Brennverhaltens (gilt nur für innen aufgebrachte Folien):
Brenngeschwindigkeit darf bestimmten Wert nicht überschreiten.

- Prüfung der chemischen Beständigkeit der Innenfläche: Keine wesentlichen Veränderungen bei z. B. Verwendung von Fensterreinigungslösung.

Ähnlich wie hier in der ECE-R43 sind die Prüfungen für USA nach ANSI-Z26.1 aufgelistet.

5. Administrative Anforderungen zur Erlangung und Sicherung einer Genehmigung

Leider gibt es neben den vielen technischen Anforderungen auch unterschiedliche Verfahren zur Erlangung einer Genehmigung bzw. für die Zulassung zum Verkauf. In vielen Staaten (insbesondere in den europäischen) ist vor dem Verkauf eines Fahrzeuges bzw. von bestimmten Fahrzeugteilen eine Zulassung erforderlich, die den Nachweis über die Übereinstimmung mit den gesetzlichen Vorschriften zu erbringen hat. In der Bundesrepublik Deutschland bestimmt der Paragraph 22a, Abs. 1, Punkt 4, daß für Scheiben aus Sicherheitsglas eine amtliche Bauartgenehmigung vorliegen muß. Dies gilt sowohl für zulassungspflichtige als auch für zulassungsfreie Fahrzeuge. Technischer Dienst für die Durchführung der Prüfung ist das Materialprüfungsamt in Dortmund. Die Genehmigungsbehörde ist das Kraftfahrtbundesamt in Flensburg. Da die Bundesregierung dem ECE-Reglement 43 beigetreten ist, kann diese Bauartgenehmigung sowohl auf der Basis der nationalen Vorschrift (TA-Nr. 29) als auch der internationalen ECE-Vorschrift erteilt werden.

Im Gegensatz zu dem europäischen Genehmigungsverfahren steht das z. B. auf dem nordamerikanischen Markt (USA, Kanada) praktizierte "Selbstbestätigungsverfahren" der Hersteller. Am Fahrzeug ist ein Zertifizierungs-Aufkleber aufgebracht, auf dem der Hersteller wörtlich die Erfüllung aller Sicherheits-Vorschriften bestätigt. Dieses Verfahren hat den Vorteil, daß Änderungen am Fahrzeug oder Fahrzeugteil umgehend zum Einsatz kommen können. Hier geht man davon aus, daß der Hersteller in Eigenverantwortung die Konformität seiner Produkte mit den Vorschriften vor dem erstmaligen Verkauf mit "hinreichender Sorgfalt" überprüft. Der Hersteller ist gut beraten, dies wirklich zu tun, da die Sicherheitsbehörde (NHTSA) irgendwann entsprechende Konformitätsprüfungen durch unabhängige Testinstitute durchführen läßt. Bei Nichterfüllung drohen nicht nur Verkaufstops sondern auch empfindliche Strafen. In USA muß allerdings jeder Autoscheiben-Hersteller bei der Sicherheitsbehörde durch Zuteilung einer Code-Nummer als Hersteller registriert sein. Dieser Hersteller-Schlüssel muß u. a. auch auf der Scheibenkennzeichnung nach dem DOT-Kennzeichen erscheinen. Bezüglich der Kennzeichnung kann man heute mit nur zwei Kennzeichnungen des Glases auskommen, nämlich entsprechend US-FMVSS 205 (S. 6) bzw. ANS-Z26 und entsprechend ECE-R43 (Par. 5.4 und 5.5). Auch hier zeigt sich die harmonisierende Wirkung des ECE-Reglements. Welches Verfahren bezüglich des Antrages zur und bei der Erteilung einer Genehmigung nach ECE-R43 einzuhalten ist, ist in den Paragraphen 3 bis 5 beschrieben. Zu begrüßen ist, daß verschiedene Scheiben (z. B. für unterschiedliche Fahrzeugtypen) zu Scheibengruppen zusammengefaßt werden können, wenn lediglich Unterschiede bei den sekundären Merkmalen bzw. geringfügige bei den primären Merkmalen bestehen. Dies stellt eine erhebliche Erleichterung bei der Typgenehmigung dar.

Da eine erteilte Genehmigung z. B. nach R43 voraussetzt, daß alle danach hergestellten Scheiben ebenfalls mit den der Bauartgenehmigung zugrundeliegenden Mustern und damit mit den Vorschriften übereinstimmen, sind regelmäßig in der Serie Konformitätsüberprüfungen durch den Hersteller durchzuführen. Dies ist in Paragraph 10 sowie im Anhang 17 genau geregelt. Aber auch der Technische Dienst, der die Genehmigung erteilt hat, kann jederzeit Kontrollen durchführen und sollte dies durchschnittlich zweimal pro Jahr tun.

6. Zukünftige Anforderungsspektren

Die bisher bestehenden gesetzlichen Anforderungen beziehen sich in erster Linie auf die Aufgabenstellungen, die der Verglasung seit der frühen automobilen Entwicklung zugefallen sind. Es sind dies z. B.:

- Gewährleistung ausreichender Sichtverhältnisse unter Berücksichtigung der verschiedenen Umwelteinflüsse und Benutzungsbedingungen
- Schutz vor Witterungseinflüssen
- Schutz der Insassen
  a) vor von außen aufprallenden Partikeln
  b) beim Aufprall auf die Scheibe im Unfallgeschehen

Man kann heute erkennen, daß zukünftig aufgrund neuer Technologien viele der bisher genannten Aufgabenstellungen besser gelöst werden können und auch andererseits neue Aufgabenstellungen aufgrund der Veränderungen der automobilen Umwelt hinzukommen. Aufgabe des Gesetzgebers ist es, die vorhandenen Gesetze bei Bedarf so schnell wie möglich anzupassen und gegebenenfalls neue Leistungskriterien festzuschreiben.

Einige Teilbereiche möchte ich kurz andeuten:

- Um die direkte Sicht aus dem PKW zu verbessern, sind die Scheibenflächen vergrößert worden. Darüberhinaus sind aus aerodynamischen Gründen diese Scheibenflächen stärker geneigt worden. Die Folgeerscheinung ist eine wesentlich stärkere Innenraumaufheizung bei Sonneneinstrahlung. Eine Möglichkeit, diese Aufheizung einzuschränken, ist die Verwendung von Sonnenschutzschichten in oder auf der Verglasung, die aber gleichzeitig die Lichttransmission reduzieren. In den für "die Fahrersicht erforderlichen" Bereichen darf der Transmissionswert 70 % aber nicht unterschreiten. Mindestens das 180 Grad-Sichtfeld nach vorn ist für die Fahrersicht erforderlich, d. h., es sind auf jeden Fall bestimmte Sichtzonen in diesem Bereich zu definieren, die klare ungehinderte Durchsicht ermöglichen. Schutzschichten für die hintere Verglasung sollten immer zugelassen sein. Für USA ist auch das nicht möglich, weil dort per Definition bei PKW alle Scheiben für die Sicht erforderlich sind. Schizophren ist die Situation in USA allerdings dadurch, daß diese Forderungen für Neufahrzeuge gelten, daß die Fahrzeuge im Verkehr aber in vielen Staaten mit allen möglichen Folien beklebt werden dürfen, die eher dazu angetan sind, die Sicherheit im Verkehr zu gefährden. Aufgrund verschiedener Petitionen hat die NHTSA jetzt im Juli 1989 eine Gesetzes-Notiz (Docket 89-15/Not. 1) veröffentlicht, in der diese Problematik angesprochen wird. Es bleibt zu hoffen, daß die NHTSA das entsprechende Gesetz in der Form ändert, daß zumindestens im hinteren Bereich der PKW stärkere Sonnenschutzgläser zugelassen werden, was für andere Fahrzeugkategorien auch in USA zugelassen ist. Für diese wichtige Gesetzesproblematik ist unbedingt eine weltweite Harmonisierung erforderlich.

- Zur gleichen Thematik der Lichttransmissions-Beeinflussung im Zusammenhang mit Bestrebungen die Innenraumaufheizung zu reduzieren, ist eine Technologie zu nennen, deren Verwendung ebenfalls eine Veränderung einer gesetzlich vorgegebenen Prüfmethode erfordern würde: Eine holographische Beschichtung auf der Scheibe gewährleistet große Lichttransmission (75 %) in der üblichen ungefähr horizontalen Blickrichtung des Fahrers, jedoch senkrecht zur Scheibe (die heute übliche Meßmethode zur Bestimmung der Lichttransmission) ist die Licht- und ebenfalls Wärmeenergie-Durchlässigkeit stark reduziert. Bei Umsetzung dieser in der Forschung positiv erprobten Methode in die Serie müßte für diesen Anwendungsfall die gesetzlich vorgegebene Meßprozedur in Einbaulage vorgenommen werden. Für diesen Fall wäre eine schnelle Anpassung durch den Gesetzgeber wünschenswert.

- Eine weitere neue Technologie ist die verbesserte Fahrerinformation durch "Head-up displays". Bei diesen werden für den Fahrer wichtige Informationen durch umgelenkte Lichtstrahlen in einem durch die Windschutzscheibe einsehbaren Bereich eingespiegelt, so daß sie virtuell z. B. kurz vor dem Fahrzeug erscheinen. Der Vorteil ist eindeutig darin zu sehen, daß der Fahrer ohne besondere Kopf- oder Augendrehung sofort auf die Information aufmerksam gemacht wird, die dargestellte visuelle Entfernung keine Augenadaption erfordert und daß die verschiedensten Informationen (auch von extern vom Fahrzeug empfangene) an der gleichen Stelle erscheinen können. Auch in diesem Fall ist zukünftig eine Anpassung der Vorschriften erforderlich, um die Sichtbereiche zu definieren, in denen derartige positive "Verdeckungen" zugelassen sind.

- In den vergangenen Jahren hat in vielen Ländern die Diebstahlkriminalität im Kraftfahrzeugbereich erheblich zugenommen. Diese bezieht sich nicht nur auf den Diebstahl von Fahrzeugen, sondern auch auf gestohlene Teile von und aus dem Fahrzeug. Um dieses Problem einzuschränken, existieren bereits einige Gesetze, aber wir werden in Zukunft mit weitergehenden Forderungen zu rechnen haben. Ein Schwachpunkt beim Einbruch in Fahrzeuge ist die Verglasung. Es gibt Stimmen, die bereits aus diesem Grund Verbundglasscheiben rundum gefordert haben. Diese Frage sollte jedoch nur unter Berücksichtigung aller Aspekte entschieden werden. Es gibt Sicherheits- aber auch Funktionsaspekte, die gegen VSG sprechen.

Die erschwerte Zugänglichkeit kann z. B. bei der Bergung von verletzten Insassen (eingeklemmte Türen) nach Unfällen ein Problem sein. Funktionsnachteile sind z. B. die erhöhte

Bruchgefahr insbesondere bei beweglichen Scheiben sowie die erhöhte Masse von VSG durch die dickeren Scheiben, durch verbesserte Führung und Kantenumsäumung der Scheiben.

- Auch zur Verbesserung des Seitenschutzes für die Insassen und zur Reduktion der Ejektion von Insassen beim Überschlag ist in der Vergangenheit immer wieder über die Verwendung von VSG-Seitenscheiben nachgedacht worden. Die bereits erwähnten Nachteile spielen hier die gleiche Rolle. Zusätzlich besteht im Extremfall die Gefahr, daß der Insasse die Scheibe mit dem Kopf penetriert.

Mit diesen Beispielen sind einige Bereiche angedeutet, in denen eine Gesetzesanpassung an moderne Technologien in den nächsten Jahren erforderlich sein könnte bzw. eine Weiterentwicklung der Scheibentechnologie Vorraussetzung ist, um durch äußere Zwänge entstandene Gesetzesforderungen erfüllen zu können.

Literaturverzeichnis

1 Tippmann, Peter: "Die Internationalen Vorschriften und Regelungen"
  erschienen in TÜ 16 (1975) Nr. 4

2 Matthes, Dieter: VDA-Mitteilung Nr. 11/82

Anforderungen der Automobilindustrie an die Glashersteller
– von der Projektdefinition bis zur Serie

S. Härdl

1. Einleitung

Das Glas gewinnt im modernen Automobilbau zunehmend an Bedeutung.
Neben den lang gehegten Designwünschen nach großflächigem Einsatz von Glas sind eine Fülle direkt abhängiger Problemstellungen zu lösen. Zusatzaufgaben, die das Produkt Auto immer weiter perfektionieren, sind von dem Werkstoff Glas zu übernehmen.

Durch diese Forderungen kann das Glas in Einzelfällen zum komplexen Einbaumodul werden.

Entsprechende Funktionen und Anforderungen seien hier kurz aufgezeigt:

- Übertragung von Kräften in der Karosserie zur Erhöhung von Festigkeit und Steifigkeit

- Verbesserung der passiven Sicherheit, die vom mehrschichtigen Glasaufbau bis hin zur zusätzlichen verletzungshemmenden Kunststoffbeschichtung auf der Innenseite von Front- und eventuell Seitenscheiben führt.

- Mitwirkung an strömungsgünstiger Gestaltung der Fahrzeuge. Kompliziertere Formgebung, z. B. dreidimensionale Verformung des Glases sowie Erzeugung gegenläufiger Krümmungen. Anspruch an erhöhte Formtreue und Toleranzeinschränkung.

- Verbesserung der optischen Eigenschaften unter Berücksichtigung der stilistischen und aerodynamisch bedingten Einbauwinkel.

- Reduzierung von Wind- und Fahrgeräuschen.

- Adaption von Befestigungselementen, Randeinfassungen, Zierteilen und Karosserieanbauteilen (z. B. Spoiler).

- Integration von Antennen, Informationssystemen u. ä.

- und last not least Schutz der Insassen vor Wärme und Kälte.

Geht man davon aus, daß in Zukunft der Flächenanteil des Glases in PKWs weiter steigen wird und die formale Komplexität zwangsläufig zunimmt, dann sind für zukünftige Stylingfestlegungen und Entwicklungsprojekte zwei Themen besonders wichtig:

- Weiterentwicklung der formgebenden Fertigungstechnik bei Glas

- Problemlösungen zur Klimatisierung des Fahrzeug-Innenraumes.

Neben technischen Problemen und Details soll auch auf die erfolgsentscheidende Bedeutung der Zusammenarbeit und die Notwendigkeit der gemeinsamen Zieldefinition zwischen Automobilhersteller und Glashersteller eingegangen werden.

2. Glas – Gestalterisches Element mit Zukunft

Oft wird Kritik geäußert am sogenannten Styling-Einerlei moderner Personenkraftwagen. Dieses Styling ist oft diktiert von funktionellen und gesetzlichen Gegebenheiten sowie von Ergonomie, Komfortnormen und Mindestbauräumen für Aggregate.

Die Tatsache, daß sich moderne Fahrzeuge im großen und ganzen stark ähneln, zeigt – positiv betrachtet – daß man anscheinend dem optimalen Kompromiß o.g. Forderungen sehr nahe ist.

Umso schwerer ist es für den Designer, Forderungen nach individuellem, charaktervollem Äußeren und Inneren nachzukommen.

Ein Weg hierbei ist der Einsatz neuer Materialien, besserer Fertigungstechnik und komplizierter Formgebung. Es gilt, den Flächenanteil dieser Materialien stark zu verändern und damit z. B. Proportionen zu beeinflussen.

Herausragendes Beispiel hierfür ist neben den großflächigen Stoßfängern in erster Linie die Fahrzeug-Verglasung.

Vergleicht man z. B. einen VW Käfer, Baujahr 1949 mit einem Fahrzeug der 80er Jahre, so läßt sich leicht erkennen, daß das Glas vom Bewältiger der sachlichen Notwendigkeit visuellen Mindest-Kontaktes zur Umwelt zu einem beherrschenden Stylingelement avanciert ist.

Bild 1: VW Käfer Baujahr 1949

Mit großflächig eingesetzter Verglasung verbindet man Begriffe wie Modernität, Großzügigkeit, Freiheit.

Neben dem Wunsch, vorhandene Flächen "in sich" wirken zu lassen und nicht durch zahlreiche konstruktiv bedingte Elemente zu unterteilen, muß das ästhetische Erscheinungsbild im Vordergrund stehen.

Durch Licht, Transparenz und uneingeschränkte Sicht kann der räumlichen Enge im Innenraum der Kabinencharakter genommen werden. Dafür sind Maßnahmen zu berücksichtigen, die dem Insassen dennoch das Gefühl der Geborgenheit, Solidität und Sicherheit vermitteln.

Gerade auch diese psychologischen Hintergründe machen Glas zu einem exponierten gestalterischen Element. Glas sollte nicht als modisches, sondern als modernes und fortschrittliches Bauelement im Kraftfahrzeugbau gesehen werden.

Anhand nachfolgender Bilder soll die Kontinuität stilistischer Wünsche nach großzügiger und großflächiger Verglasung hervorgehoben werden.

Bild 2: Versuchsfahrzeug FX Atmos, Ford USA 1954

Bild 3: Stylingstudie Audi quattro "Quartz", Pininfarina 1981

Bild 4: Experimentalfahrzeug Ford HFX Ghia Aerostar, 1987

Leider muß man heute feststellen, daß trotz der seit langem vorliegenden stilistischen Anstöße die Bewältigung der physikalischen und fertigungstechnischen Probleme auf dem Glassektor größtenteils vor uns liegt.

3. Stilistische Wünsche
Herausforderung für die Fertigungstechnik von Morgen

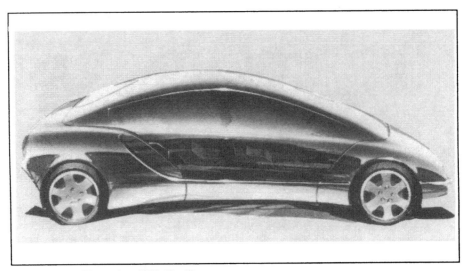

Bild 5: Stylingillustration 1988 (Audi)

Die stilistischen Wünsche stellen die Fertigungstechnik im Glassektor teils vor grundlegende, teils vor nur scheinbar profane ungelöste Detailprobleme:

3.1 Die angesprochene Transparenz, die möglichst uneingeschränkte Übersicht und Aussicht sollte für die Insassen des Fahrzeugs gelten. Mit zunehmder Glasfläche nimmt die Helligkeit im Innenraum und der Einblick in die Fahrzeuge zu. Die Erhaltung einer gewissen Anonymität muß zumindest für Insassen im Fahrzeugfond möglich sein.

Dagegen besteht unter der Perspektive hoher und weiter steigender Verkehrsdichte ein nicht zu unterschätzender Bedarf an visueller Kommunikation der Fahrzeuglenker untereinander.

Diesen gegenläufigen Anforderungen für Fahrer und Fondpassagiere kann nur dann ausreichend Rechnung getragen werden, wenn eine kontinuierliche, nahezu übergangslose Reduzierung der Lichttransmission in den Glasflächen möglich ist. Die heute bereits im Einsatz befindlichen Metallbeschichtungstechniken gestatten nur stufenweise Veränderungen. Vom Designstandpunkt her ist dies nur in Einzelfällen vertretbar.

3.2 Die Anforderungen an metallbeschichtete Gläser, die im Hochbau längst Einzug gefunden haben, sind in Kraftfahrzeugen teils anders gelagert oder deutlich komplizierter:

3.2.1 Lichttransmission und Reflektanz im Sichtbereich muß gesetzlichen Anforderungen entsprechen.

3.2.2 Möglichst keine Erhöhung oder besser Reduzierung der Reflektionswerte an der Innenseite der Scheiben, um auch helle Innenausstattungsfarben mit verringerter Wärmeabsorption(Klimaverbesserung) einsetzen zu können.

3.2.3 Bei gestiegener Aufmerksamkeit in der Gestaltung des Innenraums wird zur Steigerung von Wohnlichkeit und Werteindruck vermehrt auf UV-empfindliche Naturprodukte zur Kaschierung von Oberflächen zurückgegriffen. Leder, Holz und Wolle sind geeignete Werkstoffe. Die Filterwirkung des Glases in diesem Strahlungsbereich ist verbesserungsbedürftig.

3.2.4 Spezielle Anforderungen an die klimatischen Einflußmöglichkeiten müssen erfüllt werden.

3.2.5 Verschleißfestigkeit, Kratz- und Abriebverhalten, Korrosionseigenschaften sowie Chemikalienbeständigkeit müssen auf die hohen Anforderungen im Kfz abgestimmt sein.

3.2.6 Der Farbton der Verglasung muß möglichst neutral bleiben, um eine Einschränkung der Außenfarben der Fahrzeuge zu vermeiden.

3.2.7 Verschiedene Farbtöne aufgrund unterschiedlicher technischer und gesetzlicher Anforderungen (z. B. Verbundglas oder ESG, Lichttransmission) sind unerwünscht.

3.3 Weiterentwicklung der Technik zur Keramikbeschichtung

Die Keramikbeschichtung (siehe Bild 6) für die Überdeckung tragender Strukturen, Dichtelementen u.ä. wirken durch die erforderliche Größe schwer und formal unterbrechend. Die harten Übergänge vom bedruckten zum transparenten Glas wirken störend. Die Möglichkeiten, eine gewisse Auflösung der Übergänge durch Punktraster zu ermöglichen, stellen in der heute üblichen Form nur einen Kompromiß dar und zeigen diesbezüglich die Grenzen der eingesetzten Siebdrucktechnik auf.

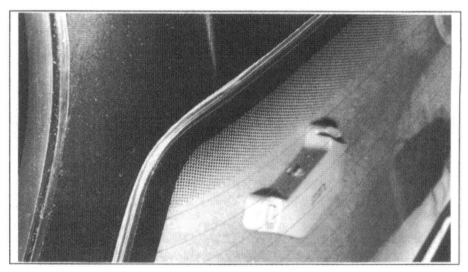

Bild 6: Rasterdruck Heckscheibe A 80 / 90

Neue Beschichtungstechniken mit dem Ziel einer scheinbar übergangslosen Bedruckung sind daher anzustreben.

3.4 Deutliche Fortschritte sind im Bereich der Biegequalität der Scheiben sowie der Toleranzen und Kantenausführungen notwendig. Auch der Freiheitsgrad bei der Formgebung des Glases mit z. B. gegenläufigen Krümmungen und stilistisch gewünschter, nicht fertigungstechnisch diktierter dreidimensionaler Verformung ist deutlich zu erweitern.

Zugrunde liegen muß die These, daß bei steigender Perfektion der stilistischen Vorgabe ein wesentlich höherer Anspruch an die formale Bewältigung der technisch bedingten Details entsteht. Ein ästhetisch befriedigender Gesamteindruck der Fahrzeugform ist von der konstruktiv eleganten und fertigungstechnisch beherrschten Lösung solcher Details abhängig.

3.4.1 Hierzu ein Beispiel anhand der bereits gezeigten Stylingstudie Audi Quattro Quartz:

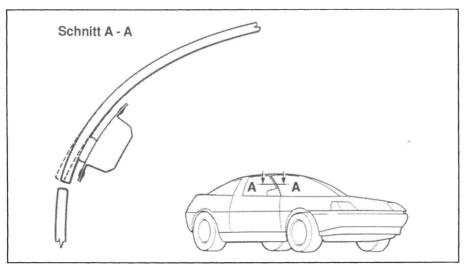

Bild 7: Glasübergang Frontscheibe / Türseitenscheibe

Anforderungen an die Biegequalität:

Der homogene Formlinienverlauf zur Türscheibe muß gewährleistet sein. Bei den heutigen Biegeverfahren, insbesondere von Verbundglasscheiben, ist ein tangentialer Auslaufbereich bis ca. 40 mm an der Beschnittkante des Glases hinzunehmen.

3.4.2 Randwelligkeiten, insbesondere zu sehen bei vorgespanntem Glas (ESG), müssen vermieden werden, da durch diese, mit normalen Meßmitteln zwar kaum erfaßbaren, aber optisch sehr wirksamen Unregelmäßigkeiten, auch wegen der höheren Reflektanz der Oberfläche, der formale Gesamteindruck stark beeinträchtigt wird.

Für die ESG-Fertigung gibt es erfreuliche Fortschritte, z. B. durch das Preßbiegeverfahren, entwickelt von der Fa. Glass Tech, bei dem das Glas mittels Unterdruck und Anpreßring über eine vollflächig beschriebene Form gezogen wird.

Dieses Fertigungsverfahren läßt es erstmals zu, das Glas ganzflächig im Fahrzeug zu zeigen. Bisher notwendige Abdeckungen für Zangenaufhängungspunkte (Varley-Verfahren) können entfallen. Reduzierung des Endtangentenwinkels, auch markante Konturen (kleinster Biegeradius R = 150 mm) und erhöhter Handlungsspielraum bei der Querbiegung sind möglich. Zur Einschränkung des Toleranzspektrums sind bei diesen Fertigungsverfahren gute Vorraussetzungen gegeben, die Realisierung ist aber noch nicht abgeschlossen.

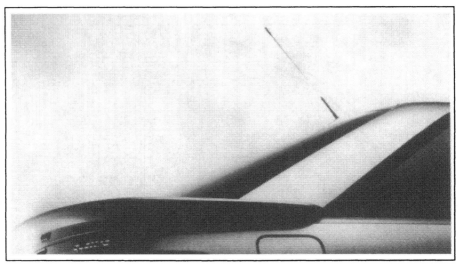

Bild 8 "Flash-Glazing" mit im Preßbiegeverfahren hergestellter Heckscheibe Audi Coupe Baujahr 1989

Dem Wunsch einer flächenbündigen Verglasung ist man durch diese neue Biegetechnik ein Stück näher gekommen.

3.4.3 Bei der Bearbeitung der Glaskanten müssen Welligkeiten im Beschnitt, auch in Eckbereichen, deutlich eingeschränkt werden. Ein- und Auslauf der Schleifscheiben dürfen nicht zu Absätzen und Maßveränderungen führen. Bei offenliegenden Kanten muß ein Glanzgrad wie an der Oberfläche möglich sein.

3.4.4 Der Versatz der Einzelscheiben beim Verbundglas ist durch Schleifen auszuschließen. Das Umspritzen der Glaskanten kann eine definierte, optisch akzeptable Alternative sein.

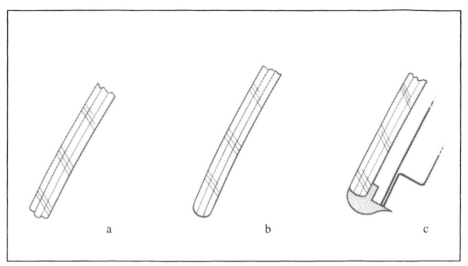

Bild 9: a) Serienstand Verbundglas, b) gewünschter Kantensaum, c) flächenbündige Kanteneinfassung

3.4.5 Die Bruchempfindlichkeit bei Belastungen im Randbereich, bspw. durch Steinschlag, ist speziell bei Verbundglas deutlich zu reduzieren.

3.4.6 Markierungen von Hilfsmitteln der Fertigung wie "Skelettabdrücke" müssen vermieden werden.

4. Glas und Klima
Synthese statt Disharmonie

Wenn man sich die Pressekommentare der letzten Jahre zu diesem Thema ansieht, scheint die Antwort schon gefunden:

Große und dazu noch stark geneigte Glasflächen müssen zwangsläufig zu drastischer Steigerung der Innenraumtemperatur und zu unerträglicher Aufheizung von Bauteilen im Fahrgastraum führen.

Das Wohlbefinden der Insassen wird bei Sonneneinstrahlung stark belastet.

4.1 Der Vollständigkeit halber sei hier kurz auf bekannte physikalische Bedingungen eingegangen, die für Klimabeeinflußung des Fahrzeug-Innenraumes über das Glas ausschlaggebend sind.

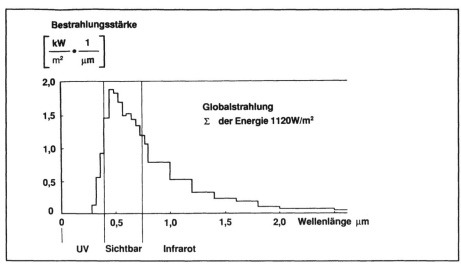

Bild 10: Energie der Globalstrahlung

Informationen über verkehrsrelevante Vorkommnisse werden zu 96 % visuell aufgenommen, wobei das menschliche Auge seine Empfindungen im Bereich von 0,4 bis 0,76 µm Wellenlänge hat. Dieser mit über 50 % der Gesamtsonnenstrahlung wirksame Bereich sollte deshalb möglichst wenig eingeschränkt werden.

Während der UV-Bereich bis 0,4 µm aus der Klimaperspektive vernachlässigbar ist, gilt dem IR-Bereich von 0,76 bis 2,3 µm die eigentliche Aufmerksamkeit zur Reduzierung der Temperaturen im Innenraum eines Fahrzeugs, da hier noch ca. 46 % der Gesamtstrahlung wirksam sind. Unliebsame Nebenwirkungen entstehen dabei nicht. Die Sonnenenergie über 2,3 µm ist ohne Bedeutung, dagegen strahlen aufgeheizte Bauteile die gespeicherte Energie mit Wellenlängen von 9,5 - 11 µm ab.

In der Tat sind die bisher gezeigten Lösungsansätze zur Verbesserung der klimatischen Bedingungen im Fahrzeug-Innenraum spärlich. Es gibt Detaillösungen, die das Grundsatzproblem noch nicht gelöst haben.

4.2 Dennoch sind diese Schritte erwähnenswert und sollen hier anhand des Audi 80 kurz dargestellt werden.

Bild 11: Baureihe Audi 80 / 90 ab 9/86

Gegenüber dem Vorgängermodell wurden die Glasflächen um ca. 20 % vergrößert, der Neigungswinkel stieg von 56° auf 60° an der Frontscheibe und von 57° auf 65° an der Heckscheibe. Die Wärmebelastung im Innenraum konnte etwa auf dem gleichen Niveau des Vorgängertyps gehalten werden, die direkte Strahlung auf die Insassen sogar deutlich reduziert werden (siehe Bild 12).

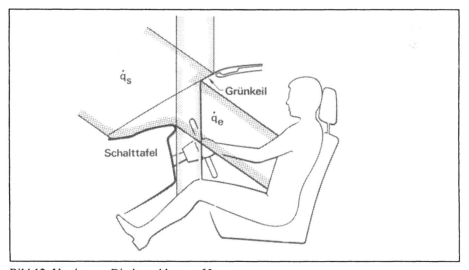

Bild 12: Verringerte Direktstrahlung auf Insassen

Dazu trugen zwei Maßnahmen bei:

4.2.1 Unter Berücksichtigung der kritischen Sonneneinstrahlungswinkel wurde die Schalttafel so ausgebildet, daß eine möglichst großflächige Beschattung der Insassen ermöglicht wird. Ergänzt wird die Reduzierung der Direkteinstrahlung auf die Insassen durch den am oberen Rand der Frontscheibe angesetzten Grünkeil und durch absorbierende Keramikbedruckung, die bei gegebener Integration in die Gesamtoptik die durchsichtige Glasfläche auf dem Niveau des Vorgängermodelles halten konnte!

4.2.2 Die Grünverglasung gehört zum serienmäßigen Lieferumfang. Als frei wählbare Zusatzausstattung werden chrombeschichtete Scheiben für die hintere Verglasung ab Säule B angeboten.

Die Werte für Lichttransmission und Energietransmission eines so ausgestatteten Fahrzeuges sind aus folgendem Bild ersichtlich:

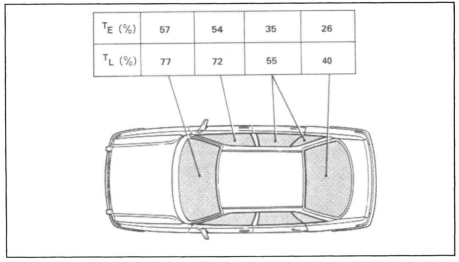

Bild 13: Prinzipdarstellung mit Angabe von TL + TE (TL = Lichttransmission, TE = Energietransmission)

Diese mit der Fa. Flachglas entwickelten Scheiben hat Audi als erster Automobilhersteller seit Mitte 1987 im Einsatz. Diese Entwicklung stellt den ersten Schritt für eine Synthese zwischen Glas und akzeptablen klimatischen Bedingungen im Innenraum eines Fahrzeugs dar.

4.3 In Bild 14 ist der heutige Entwicklungsstand wärmedämmender Fahrzeuggläser dargestellt.

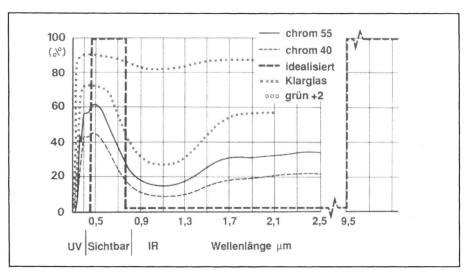

Bild 14: Spektrale Durchlässigkeit verschiedener Glassorten

Ausgedrückt wird die Durchlässigkeit der spektralen Sonnenstrahlung in %. Das idealisierte Ziel der spektralen Durchlässigkeit ist als gestrichelte Linie angegeben und soll zeigen, daß das Glas mit zwei spektralen "Fenstern" den klimatischen Bedürfnissen im Fahrzeuginnenraum am nächsten kommt:

4.3.1 Für Fenster im sichtbaren Bereich ist das Ziel möglichst geringe Sichteinschränkung. Dies wurde bereits angesprochen. Die Qualität einer wärmedämmenden Verglasung kann man in dem Quotienten von Lichttransmission und Energietransmission als Selektivität (S) darstellen:

S grün $\leq 1{,}37$
S chrom + grün $\leq 1{,}53$

d. h., bei angestrebter Reduzierung der Energietransmission muß derzeit eine fast proportionale Sichteinschränkung in Kauf genommen werden.

Durch die gesetzlichen Auflagen zur Lichttransmission ist der Einsatz dieser chrombeschichteten Scheiben deshalb auf den hinteren Fahrgastraum begrenzt und auch so nicht in allen Ländern einsetzbar. Ziel weitergehender Entwicklungen muß ein $S \geq 2$ sein.

4.3.2 Das "Fenster" im langwelligen IR-Bereich (ab ca. 9,5 µm) soll der im Innenraum gespeicherten und durch Umwandlung in langwellige IR-Strahlung freiwerdenden Energie den Weg nach draußen öffnen und somit die Bauteiltemperaturen und Lufttemperatur im Innenraum niedrig halten und den Treibhauseffekt eliminieren.

4.4 Das angestrebte Ziel, den energiereichen IR-Bereich der Sonnenstrahlung möglichst vom Innenraum abzuhalten, ist physikalisch über 2 Wege möglich:

- Absorption im Glas durch Umwandlung in langwelligere Strahlung

- Reflektion

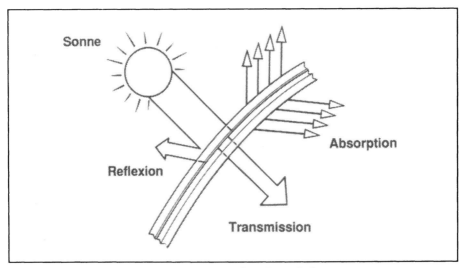

Bild 15: Mögliche Energieverteilung an einer Windschutzscheibe

Aus der Darstellung ist zu erkennen, daß gute, wärmedämmende Gläser einen hohen Reflektionsanteil haben sollten.

Ein parkiertes Fahrzeug mit einer in erster Linie absorbierenden Verglasung (Grünglas) zeigt zwar eine zeitlich verschobene Aufheizkurve; die Beharrungstemperatur der Luft gemessen im Kopfbereich des Innenraumes erreicht dennoch Absolutwerte, die nicht mehr akzeptabel sind.

Eine spürbare Verbesserung entsteht mit absorbierenden Gläsern erst beim fahrenden Fahrzeug. Durch den umströmenden Fahrtwind wird die absorbierte Energie abgeleitet und die Aufheizung des Innenraumes deutlich reduziert.

Stellt man jedoch die Benutzerrealität in den Vordergrund, so werden PKW's meistens nach längerem Parken ca. 10 - 30 Min. gefahren, um sie anschließend erneuter Aufheizung beim Parken durch Sonneneinwirkung auszusetzen. Bei derartigem Einsatz des Autos kann nur eine energiereflektierende Verglasung eine merkliche und dringend nötige Klima- und Komfortverbesserung bringen.

Derartige Lösungsansätze bestehen z. B. bei der von Leybold-Haereus entwickelten Verbundglas-Frontscheibe. Hier werden die filtrierenden Metall- und Oxidschichten auf der Innenseite des äußeren Glases aufgebracht und durch den weiteren verbundglas-typischen Schichtaufbau gegen Umwelteinflüsse geschützt.

Der Wunsch nach Farbneutralität und Farbgleichheit mit angrenzenden Fahrzeugscheiben ist aber noch nicht erfüllt.

4.5 Als entscheidender zusätzlicher Aspekt ist die Einflußnahme auf die elektrische Leitfähigkeit dieser Metallschicht mit möglichst geringem spezifischen Widerstand (Forderung ≤ 2 Ohm) zu sehen. So können mit vertretbaren Spannungen angemessene Heizleistungen an Frontscheiben erreicht werden, die aus mehreren Perspektiven als wünschenswert bzw. erforderlich anzusehen sind:

4.5.1 Bei reduziertem Treibstoffbedarf der Motoren sinkt die zur Verfügung stehende Abwärme und macht die Erfüllung bestehender Abtauvorschriften für Front- und vordere Seitenscheibe (Sichtbereich zum Außenspiegel) zunehmend schwieriger.

4.5.2 Vom Eis befreite Scheiben beschlagen nach dem Kaltstart sehr schnell auf Außen- und Innenseite. Das Glas als nahezu idealer schwarzer Körper strahlt sehr gut Energie ab. Die Objekttemperatur liegt als Folge teilweise sogar unter der Umgebungstemperatur! Eine zusätzliche negative Auswirkung können hier sogenannte Defrostsprays ausüben, da durch die enthaltenen leichtflüchtigen Substanzen und durch Verdunstung Energie abgeführt wird und die Absoluttemperatur weiter sinkt. Die Beschlagneigung als Folge davon steigt weiter. Durch Zuführung auch begrenzter Energiemengen würde durch Anheben der Glastemperatur geringfügig über die Umgebungstemperatur das Wiederbeschlagen freigekratzter Scheiben verhindert und so erheblich zur Lösung eines heute vom Fahrzeug-Benutzer nur mit Umstand beherrschbaren Sicherheitskriteriums beitragen.

4.5.3 Zweiter Schritt ist eine Komfortverbesserung durch selbständiges Abtauen der Frontscheibe. Hierbei sind große Energiemengen und hohe Stromspannungen erforderlich. Es stehen bis heute allerdings keine überzeugenden Lösungen bereit, bei denen technischer Aufwand und Wirkung in vertretbarem Verhältnis stehen. In diese Überlegung muß auch die Tatsache einbezogen werden, daß Seitenscheiben nach wie vor manuell vom Eis befreit werden müssen, um den Bedürfnissen von Fahrsicherheit und Gesetz gerecht zu werden.

4.5.4 Bei zunehmenden Flächenanteilen des Glases, deren Neigungswinkel und teilweise nur geringem Abstand der Insassen zur Verglasung, wird in kalter Umgebung der Wärmestrom vom Insassen zum Glas hin verstärkt (als "Kältestrahlung" des Glases empfunden). Ein weiterer Punkt, der die klimatischen Bedingungen im Fahrzeug verschlechtert. Neben der Möglichkeit, diesen Wärmestrom über Isolierverglasung einzuschränken, wäre eine ähnliche Wirkung auch über eine flächige Beheizung denkbar.

4.6 Der Einsatz von Isolierverglasung erscheint für bestimmte Glasflächen sinnvoll, insbesondere zur Verbesserung der klimatischen Bedingungen während der kalten Jahreszeit und zur Vermeidung oder Verringerung der Beschlagneigung auf der Innenseite der Scheiben.

Der räumliche Bedarf bei der heute einzig zur Verfügung stehenden Ausführung mit Gesamtstärke ca. 10 mm läßt allerdings für einen wahlweisen Einsatz parallel zur normalen ESG-Verglasung kaum akzeptable konstruktive und optische Lösungen zu.

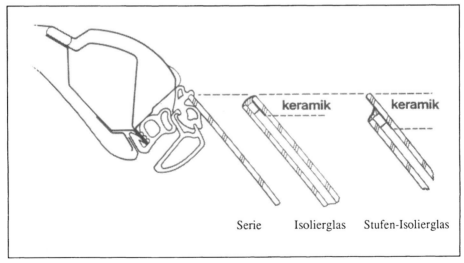

Bild 16: Audi 100, Prinzipdarstellung Türbereich oben

Die Verdoppelung des Gewichtes der so ausgeführten Verglasung stellt eine weitere erhebliche Hürde dar, auch unter Berücksichtigung der positiven akustischen Auswirkung.

Ein Einsatz in einer breiteren Automobilpalette ist deshalb wohl von der Erfüllung folgender Kriterien abhängig:

- Dickenreduzierung

- Gewichtsreduzierung

- Ausgleich der verringerten Konvektion (Treibhauseffekt) durch zusätzliche Wärmeschutzmaßnahmen

- Isolationswert $k \leq 3,8$ W/m2°K

5. Gewagte Formen
Berechenbar und sicher umgesetzt

Diese Stylingstudie zeigt den Anreiz einer zukunftsweisenden Verglasung.

Bild 17: Designstudie

Die harmonische Grundform integriert nahtlos eine für gute Aerodynamik und Stabilisierung der Fahreigenschaften vorteilhafte Abrißkante im Glas!

Daß hier mit vehementem Kopfschütteln der zuständigen Fachleute der Glasindustrie zu rechnen ist, setze ich voraus.

Daß diese Form wegen der markanten Konturen, Gegenläufigkeit und Optikproblemen eine zumindest heute nicht erfüllbare Herausforderung für die Glasfertigung darstellt, ist hinzunehmen.

Aber am Extrem lassen sich die täglichen Problemstellungen anschaulicher erörtern:

In der Phase der stilistischen Formbestimmung fehlen heute noch Instrumente, die den Designer und Konstrukteur bei der täglichen Arbeit über aktuelle oder in Kürze verfügbare fertigungstechnische Möglichkeiten und Grenzen aktuell und vorallem kurzfristig informieren. Formale Vorgaben für das Glas müssen präzisiert und kommentiert werden. Hier sind die Möglichkeiten des CAD mit seiner Datenfülle seitens der Automobilindustrie bei den Glasherstellern noch bei weitem nicht ausgenutzt. Rechnergestützte, theoretische exakte und zuverlässige Aussagen über fertigungstechnische Realisierbarkeit, Auswirkung auf die Optik und Formtreue sind zu erarbeiten.

Die bisherige Praxis, formale Vorgaben für das Glas erst nach Erstellung werkzeuggefertiger Scheiben zu bestätigen oder zu verwerfen, ist aus Zeitgründen nicht mehr zu akzeptieren. Die Entwicklung der Fahrzeugverglasung muß sich an die verkürzten Abläufe der Fahrzeugentwicklung angleichen.

Dies gilt besonders für die VSG-Scheiben. Erfahrungsgemäß sind Scheiben nach Vorgabe erst nach einem Jahr Produktionszeit (Stückzahlen bis 150.000) in ausreichender statistischer Sicherheit in der Serie umgesetzt. Eine derartige Unwägbarkeit war noch bei herkömmlichen technischen und stilistischen Vorgaben mit deutlichen und gewollten Höhensprüngen und breiten Toleranzausgleichsprofilen kompensierbar.

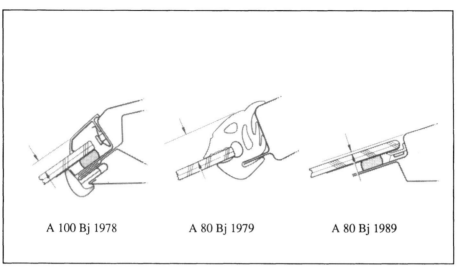

Bild 18 Prinzipschnitte Frontscheibe

Aber bereits heute bei den nahezu flächenbündigen Verglasungen sind Formabweichungen und Toleranzen nur begrenzt optisch kompensierbar. Sie stellen bei der erwähnten Entwicklungsunsicherheit immer mehr ein Risiko für die Herstellung und Komplettierung des gesamten Fahrzeuges dar.

Die hier notwendige Entwicklungs- und Fertigungstechnik sei aus Sicht des Fahrzeugentwicklers nochmals so zusammengefaßt:

- Kurzfristige theoretische Analysemöglichkeit der formalen Umsetzung. Definieren der Problembereiche und spezifischer Toleranzerwartung und Alternativvorschläge.

- Fertigung in produktionsunabhängigen Versuchsanlagen mit voller Reproduzierbarkeit der Serienfertigung.

- Datenerfassung und Speicherung aller Produktionsparameter in der Entwicklungszeit mit einem Übergang von der Versuchsanlage zur Serienproduktion ohne Qualitätseinbußen.

Diese Forderungen gelten aus genannten Gründen und vorliegenden Erfahrungen bereits für heute gültige Glasanwendungen in Personenkraftwagen.

Komplexere Formgebung durch Glas, wie beispielhaft in der gezeigten Stylingstudie Audi Quartz dargestellt, setzen solche Abläufe voraus.

Erste Ansätze hierzu sind bei der ESG-Fertigung sichtbar - wohl auch unter dem Diktat immer aufwendigerer Werkzeuge, z. B. beim horizontalen Preßbiegen, bei dem ein Nacharbeiten des formgebenden Werkzeuges nicht mehr möglich ist.

6. Zusammenarbeit
Kompetenz, Kommunikation und knappe Zeit

Der aufgezeigte Überblick über die Möglichkeiten und Notwendigkeiten der weiteren Glasentwicklung, den Ausbau des Glases zum multifunktionalen Bauelement, Abarbeitung schon heute überfälliger Problemstellungen und stark steigende Variantenvielfalt drängt zu der Frage, wie man eine derartige Massierung der Aufgaben unter ständigem Abgleich zwischen der primären Entwicklung bei den Glasherstellern und der anwendungsspezifischen Weiterbearbeitung und Feinoptimierung bei den Fahrzeugentwicklern bewältigen kann.

Es sei hier auch die Frage gestellt, welchen Anspruch die Automobilindustrie auf Eigeninitiative der Glashersteller für die Abarbeitung grundsätzlicher Problemstellungen künftig erheben kann, wo und ab welchem Zeitpunkt sinnvoll oder notwendigerweise entsprechende Entwicklungen gemeinsam betrieben werden können, bilateral zwischen Glas- und Automobilhersteller und multilateral, da bei angesprochener Komplexität der Aufgaben (Antennenfunktion, Kunststoffumspritzung, Metallbedampfung usw.) in zunehmendem Maße in Detailbereichen besonders kompetente Partner miteingeschaltet werden müssen.

Verbesserungen in der Zusammenarbeit sind wegen der immer anspruchsvolleren technischen und terminlichen Zielvorgaben erforderlich. Dazu gehört eine vertrauensvolle Offenlegung der entsprechenden Strategien von Automobilhersteller und Glaslieferant, denn bei immer kürzer werdenden Entwicklungszeiten eines neuen Fahrzeuges reicht für grundsätzliche, dann aber erst erkennbare Problemstellungen in Sachen Glas die Zeit oft zur Abarbeitung nicht aus oder das Entwicklungsziel ist nur mit hoher Risikobereitschaft zu erreichen.

Zur Abarbeitung dieser umfangreichen Aufgaben mit einem weitreichenden Spektrum auch an technischen Detailkenntnissen erwartet der Automobilentwickler Gesprächspartner, die neben der fachlichen Qualifikation auch eine ausreichende Kompetenz und Weisungsbefugnis besitzen und bei der Erörterung zu technischer Realisierung und Terminen möglichst umgehend Stellung beziehen können.

Der Partner aus der Glasindustrie sollte auch als Sachverwalter der Interessen des Automobilentwicklers in den eigenen Reihen verstanden werden können.

In dem von mir aufgegriffenen Problemfeld des Glases – nur ein kleiner Ausschnitt in dieser komplexen Thematik – erkennt man scheinbare Widersprüche, die sich aus der differenzierten Betrachtungsperspektive ergeben. Durch intensiven Gedanken- und Meinungsaustausch sind bestimmt Relativierungen einzelner Ansprüche und Kompromisse erforderlich.
Die Zieldefinition sollte gemeinsam geführt werden, um Fehlentwicklungen zu vermeiden!

7. Zusammenfassung

Das Glas, scheinbar bekannter und beherrschter Werkstoff seit langem, steht einer steigenden Herausforderung und wachsendem Entwicklungsdruck gegenüber.

Es bleibt eine Vielzahl von Verbesserungsmöglichkeiten und Wünschen, die mit Initiative und intensiver Zusammenarbeit zwischen Glashersteller, evtl. zusätzlichen Partnern und der Automobilindustrie zu lösen sind.

Wenn Glas im Automobilbau einen vom Designer gewünschten weiter steigenden Stellenwert erreichen soll, sind Fortschritte insbesondere für

- freizügige Formgebung

- hohe Formtreue und Maßhaltigkeit

- Klimaverbesserung im Fahrzeug

- Beschlaghemmung

- verzerrungsfreie Sicht

- hohe Kratz- und Verschleißfestigkeit

notwendig.

Lösungsansätze und weltweite Aktivitäten stimmen hoffnungsvoll!

Glasherstellung im Wandel der Technik

H. Kunert

1. WAS IST GLAS?

Glas ist einer der vielseitigsten und einer der ältesten von Menschenhand geschaffenen Werkstoffe. Seine für die Sonnenstrahlung und das Augenlicht ungehinderte Transparenz, seine Festigkeit und Ebenheit, seine Lichtbrechung und sein farbiger Glanz hat die Menschheit seit jeher fasziniert. Nach den Funden der Archäologen zu schließen, wurde in Ägypten bereits vor 7.000 Jahren Glas erschmolzen. Im chemophysikalischen Sinne ist Glas eine eingefrorene, unterkühlte Flüssigkeit. Treffender gesagt: "Glas sind alle Stoffe, die strukturmäßig einer Flüssigkeit ähneln, deren Zähigkeit aber bei normaler Umgebungstemperatur so hoch ist, daß sie als fester Körper anzusprechen sind."

Glas wird bei Temperaturen von rund 1.400°C im wesentlichen aus Rohstoffen wie Sand, Soda, Pottasche und Kalk erschmolzen. Glas besteht also aus einem Gemenge; es hat keine chemische Formel. Es ist sozusagen eine Schmelze, die bei Abkühlung und Erstarrung in eine feste, aber nicht kristalline Struktur übergeht. Dieser im wesentlichen nicht kristallinen Struktur verdankt der Werkstoff Glas seine Transparenz für den sichtbaren Bereich elektromagnetischer Strahlung, ferner Eigenschaften wie das Nichtleiten von elektrischen Strömen, seine gegenüber Metallen schlechtere Wärmeleitfähigkeit, schließlich seine trotz hoher mechanischer Elastizität gegebenen Bruchanfälligkeit bei Zugbeanspruchung. Der Bruch tritt bei Belastung ohne eine Übergangsphase ein.

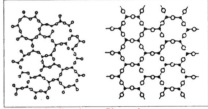

Bild 1 Kristallstruktur - Glasstruktur

2. DIE GESCHICHTE DER GLASHERSTELLUNG

Man spricht von 7 Epochen der Glasherstellung und Verformung. Es fing mit der sogenannten Sandkerntechnik an. In dieser historisch frühen Zeit wurde Glas hauptsächlich für Gebrauchsgefäße produziert. Man tauchte in die Schmelze einen Lehmklumpen. Umschlossen von der viskosen Glasmasse wurde dann nach einem Abkühlungsprozeß der Lehm aus der Ummantelung herausgespült. Als eine epochale Erfindung galt in der folgenden Zeit die Glasmacherpfeife, d.h. ein Glasrohr, mit dem man der Schmelze einen voluminösen "Tropfen" entnahm und ihn, analog einer Seifenblase, zu einem Hohlkörper ausformte.

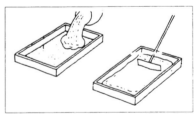

Bild 2 Prinzip des Gießens von Glasscheiben, wie es die Römer wohl angewendet haben.

In dieser Zeit diente der Werkstoff Glas in erster Linie zur Herstellung von Gefäßen in vielfältiger nutzungsspezifischer Formung, als auch in ästhetisch, graziler und verzierender Gestaltung. Es war aber auch ein bevorzugter Werkstoff, wie auch heute noch, für die Fertigung kunstvoller, lichtbrechender und farbiger Geschmeide.

Die Scheibenherstellung für die Verglasung von Gebäuden entstand erst zur Römerzeit. Zylinderförmig geblasene Hohlkörper wurden geöffnet und anschlie-

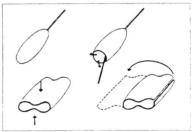

Bild 3 Walzenverfahren nach Theophilius Presbyter (um 1000 n. Chr.)

ßend plan gewalzt.

Baugeschichtlich begann die Entwicklung des Fensters mit der Öffnung der Bauten zu Luft und Licht. Das englische Wort "window", in dem das deutsche "Windauge" steckt, weist auf diesen ursprünglichen Zweck hin.

Im Gotischen findet sich das Wort "augadauro", Augentür, und im Angelsächsischen "eagdyrel", Augenloch. Darin drückt sich das Bedürfnis der Sichtverbindung von innen nach außen aus. Die Belichtung des Raumes steckt als Ursprung hinter dem lateinischen "fenestra", das mit dem griechischen "phaino" = "mache sichtbar" (Fanal) verwandt ist.

Zu einer revolutionären Entwicklung der Planglasherstellung kam es in Paris in der Hälfte des 17. Jahrhunderts. Das Glas wurde in Kesseln erschmolzen, auf einem Tisch ausgegossen, gewalzt und anschließend geschliffen. Es war die Zeit der Spiegelmanufakturen. In diese Zeit fällt die Gründung von Saint Gobain, des heute größten Flachglasherstellers in Europa.

Erst in diesem Jahrhundert begann die Entwicklung industrieller Verfahren. Klar durchsichtiges, feuerblankes Fensterglas wurde bis 1900 ausschließlich im Mundblasverfahren erzeugt. 1905 gelang es dem Belgier Fourcault zum ersten Mal, eine Glastafel unmittelbar aus der Glasschmelze zu ziehen.

Der Amerikaner Colburn entwickelte 1917 mit Unterstützung der Libbey-Owens-Gesellschaft ein anderes Ziehverfahren, das seit seiner industriellen Anwendung den Namen der Firma trägt.

Ein drittes Ziehverfahren wurde von der amerikanischen Firma Pittsburgh-Plate-Glass-Company entwickelt und vereinigte die Vorteile des Fourcault- mit denen des Libbey-Owens-Verfahrens. Es wurde ab 1928 angewandt.

Es folgte die Entwicklung von kontinuierlichen Schleifprozessen großflächiger Glastafeln.

Bild 4 Mondglasherstellung in verschiedenen Phasen

Bild 5 Die Glasschmelze wird auf den Tisch gegossen und ausgewalzt

Bild 6 Glasscheibenherstellung nach dem Blas- und Streckverfahren

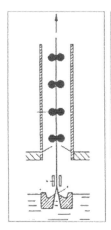
Bild 7 Fourcault-Verfahren

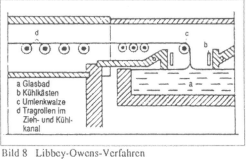
a Glasbad
b Kühlkästen
c Umlenkwalze
d Tragrollen im Zieh- und Kühlkanal

Bild 8 Libbey-Owens-Verfahren

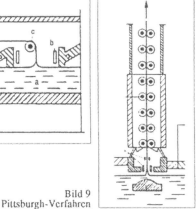
Bild 9 Pittsburgh-Verfahren

3. MODERNE PRODUKTIONS- UND ANWENDUNGSTECHNIKEN

Die bahnbrechende Revolution der industriellen Flachglasherstellung fand erst in jüngster Zeit statt, Ende der 50er Jahre. Es war die geniale Idee des Engländers Pilkington, das flüssige Glasband über eine idealplane Oberfläche zu leiten, nämlich über ein Metallbad. Das Glas schwimmt oder "floatet" als endloses Band sozusagen auf der Metallschmelze, oder korrekter gesagt, auf einem Gasfilm zwischen Metallschmelze und Glasfläche und wird dann in der Erstarrungsphase auf ein Rollenband durch einen endlos langen Kühlkanal geleitet.

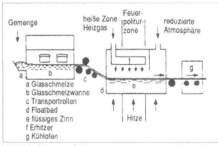

Bild 10 Floatverfahren

Die heute vollautomatisch betriebenen Floatglasanlagen erreichen Produktionsleistungen bis zu 3.000 m²/Std. und Tagesleistungen bis 800 t. Weltweit gibt es bereits über 100 solcher Anlagen, und es kommen jährlich noch weitere dazu.

Zu dieser Größenordnung ist der Glasbedarf im Bauwesen aber auch im Kraftfahrzeugwesen angewachsen, und zwar dank dieses revolutionären Floatglas-Prozesses, der die Glasherstellung zu ökonomischen Bedingungen erst möglich gemacht und die Tür zu einer kommenden "Glaszeit" aufgestoßen hat.

Die Anwendungsbereiche, Nutzungs- und Gebrauchsmodalitäten des Werkstoffes Glas in unserem Zeitalter zivilisatorischer Technik erscheinen in Anbetracht der Entwicklung neuer funktionsanreichender Basisstrukturen, der Ausbildung von Verbundwerkstoffen und Kombinationsprodukten und der Verbesserung von Form- und Bearbeitungstechniken fast grenzenlos zu sein. In der Architektur hat die in großen Flächen rationale Verfügbarkeit des Planglases und die Entwicklung von neuartigen Verglasungstechniken sowie von spezifischen Funktionsgläsern für Sonnen- und Wärmeschutz, für Brand- und Einbruchschutz, für Lärmschutz, ja sogar für den Schutz vor transmittierenden elektromagnetischer funkspezifischer Wellenspektren zu einer reinen Glas- und Solararchitektur geführt.

4. GLAS IM AUTOMOBILBAU

4.1 Kraftfahrzeug-Sicherheitsgläser und deren Mechanismen des Verletzungsschutzes bzw. der Verletzungsminderung

Die Entwicklung von Sicherheitsgläsern gehörte zu einer der Voraussetzungen für die massenhafte Verbreitung des Kraftfahrzeuges hin zur heutigen Verkehrsdichte und Verkehrsdynamik. Selbst bei geringfügigen Kollisionen war davor, so in den Anfängen des Kraftwagenverkehrs, stets das Risiko des Bruches von Glasscheiben ins Kalkül zu ziehen mit meist gefährlichen Scheibenteilen.

In § 40 der Straßenverkehrs-Zulassungsordnung werden für die Verglasung von Kraftfahrzeugen Sicherheitsgläser zwingend verlangt und die Anforderungen an solche Gläser wie folgt definiert:
"Sämtliche Scheiben, ausgenommen Spiegel sowie Abdeckscheiben an Beleuchtungseinrichtungen und Instrumenten, müssen aus Sicherheitsglas bestehen. Als Sicherheitsglas gilt Glas (oder ein glasähnlicher Stoff), dessen Bruchstücke keine ernstlichen Verletzungen verursachen können."

Die bekannten Sicherheitsglasarten erreichen mit durchaus unterschiedlichen Mechanismen die gestellten Anforderungen des Verletzungsschutzes bzw. der Verletzungsminderung.

Bei dem bekannten Einscheibensicherheitsglas handelt es sich um 2 Schutzprinzipien. In den Scheibenkörper eingebrachte Spannungsstrukturen verleihen der Glasscheibe zunächst gene-

Bild 11 Bruchstruktur, Einscheiben-/ Verbundsicherheitsglas

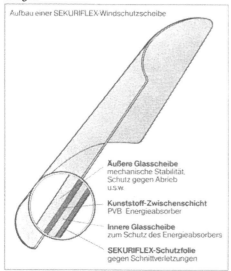

Bild 12 Aufbau SEKURIFLEX®

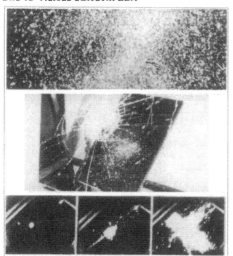

Bild 13 Im Fall eines Aufpralles massiger Projektile verleiht die innenseitige Folie Schutz vor einfliegenden Glassplittern

rell eine höhere Bruchfestigkeit. Kommt es dennoch zu einem Bruch, so bewirkt die inhärente Spannungsstruktur einen Zerfall in kleine Fragmente mit geringer Masse und stumpfen Kanten.

Beim Verbundsicherheitsglas, das heute als Standard für das Windschutzscheibenglas gilt, haften zwei Glasscheiben mittels einer Kunststofffolie klebend aufeinander. Bei Bruch dieses Sicherheitsglases haften die Glasfragmente fest an der zähelastischen Zwischenfolie.

Eine Fortentwicklung der genannten Sicherheitsgläser stellt das sogenannte 4-schichtige Verbundsicherheitsglas dar. Seit einigen Jahren wird es der Automobilindustrie unter dem Namen "Sekuriflex" angeboten. Es handelt sich generell um ein Verbundsicherheitsglas, das aber zusätzlich mit einem aufkaschierten Kunststofffilm auf der dem Fahrzeuginnenraum zugewandten Oberfläche ausgestattet ist.

Zu den bekannten Schutzprinzipien des Verbundglases treten bei diesem fortentwickelten Sicherheitsglas zwei weitere Schutzeigenschaften hinzu: Zunächst können infolge des zusätzlich auf die Innenseite des Glasverbundes aufkaschierten Kunststofffilms bei Aufprall des Kopfes in einer Unfallsituation auch leichte Schnitt- und Schürfverletzungen ganz vermieden werden.

Als Vorteil der SEKURIFLEX-Windschutzscheibe gilt weiterhin, daß im Falle eines Aufpralles massiger Projektile von außen die innenseitig aufkaschierte Folie den Insassen Schutz vor einfliegenden Glassplittern verleiht, die ohne diese Folienbewehrung zu Augenverletzungen führen können.

Die innenaufliegende Folie gilt als zureichend kratzfest. Durch die mehr weich eingestellte Folie heilen Einkerbungen in kurzer Zeit wieder aus.

4.2 Streulichteffekte und Lebensdauer von Windschutzscheiben

Neben den Sicherheitseigenschaften der Automobilscheiben sind ihre optischen Qualitäten von dominanter Bedeutung. Insbesondere von der Windschutzscheibe wird eine klare und störungsfreie Durchsicht verlangt.

Über 90 % der Informationen, die ein Fahrer zum sicheren Führen eines Kraftfahrzeuges braucht, sind visueller Art.

Die wohl schwerwiegendste Störgröße für Windschutzscheiben stellen bei gegebenen Voraussetzungen Streulichterscheinungen dar, die zu einer Reihe von visuellen Beeinträchtigungen führen. Kontrastmindernde Auswirkungen ergeben sich bei Dunkelheit und Nacht durch Phänomene der Relativ- und Schleierblendung.

Streulichterscheinungen an Windschutzscheiben entstehen durch Schmutz- und Staubpartikelchen und durch Ablagerung von Kondensaten auf den Scheibenoberflächen. Streulicht entsteht aber auch durch partielle Beschädigungen der Windschutzscheibenoberfläche in Form von Mikrogravuren, hervorgerufen durch die Wischbewegungen der Scheibenwischer, oder durch mehr gröbere Kratzer, die oft beim Säubern vereister Scheiben entstehen. Streulichtzentren bilden vor allen Dingen auch kleine, kaum mit bloßem Auge erkennbare Kratzer, verursacht durch den Aufschlag von Sandpartikelchen.

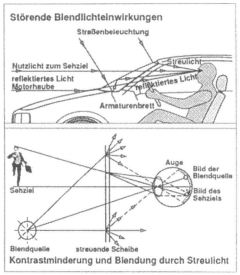

Bild 14 Darstellung von Mehrfach-Reflektionen durch die Windschutzscheibe einfallende Blendlichtstrahlung

Abnutzungs- oder Verschleißschäden an Windschutzscheiben hat man bisher, trotz der sicher erheblichen Auswirkungen auf die Sicht des Fahrers, wenig Beachtung zukommen lassen. Dieser Umstand ist einerseits durch den bisherigen Mangel an geeigneten Meßgeräten zur Erfassung solcher Schäden und ihrer korrelierenden Streulichtgröße zu erklären. Andererseits ist ein Fahrer selbst kaum in der Lage, subjektiv den Grad der Beeinträchtigung seiner Sicht bei Dunkelheit und Nacht durch "streuende" Windschutzscheiben zu erkennen. Ihm fehlt die Referenz-Sicht.

Bild 15 Sicht durch eine "lichtstreuende" Windschutzscheibe bei Nacht

4.3 Der Trend zu aerodynamischer Verglasung

Ein dominantes Kennzeichen moderner Karosseriegestaltung sind groß dimensionierte und stark geneigte Glasflächen. Das "glasfreudige" Design bedeutet dabei nicht nur eine stilistische Eigenart. Die Zielgrößen der Minimierung von Kraftstoffverbrauch und Schadstoffemission bedingen Strategien zur Verringerung des Luftwiderstandbeiwertes durch aerodynamische Formgebung der Karosserie.

Andererseits kommen "transparente" Fahrzeuge bei zunehmender Verkehrsdichte dem Bedürfnis nach allseitig sicherer Orientierung entgegen. Sie tragen zur Minderung von Unfallrisiken durch den Vorteil besserer Voraussicht und interpersonaler Kommunikation bei.

Der Trend zu aerodynamischer Verglasung bedeutet für die Glasindustrie eine Herausforderung in 3-facher Sicht. Eine mit der Karosseriehaut formschlüssige Verglasung bedarf der Fertigung von Scheiben mit komplexer Formgebung. Es sind allerdings sowohl von der Verformungsmechanik, als auch von der geometrischen Optik her Grenzen gesetzt.

Schließlich gilt es, der Entwicklung von hocheffizienten, selektiven Sonnenschutzgläsern Rechnung zu tragen, um den durch die grösseren und geneigteren Glasflächen bedingten erhöhten Einfall an Solarstrahlung zu kompensieren. Der Trend zu aerodynamischer Formgebung der Karosserie und die Hinwendung zu leichteren und kompakteren Karosseriestrukturen führen auch zu neuen Verbindungstechnologien von Glasscheiben im Automobilbau.

4.4 Der Zielkonflikt zwischen Sichttransparenz und solarer Energieeinstrahlung

Die vielfach beklagte übermäßige Erwärmung des Fahrzeuginnenraums von aerodynamisch orientierten Fahrzeugmodellen bei sommerlichen Temperaturen und intensiver Sonneneinstrahlung ist weit mehr auf die Zunahme von zur Horizontalen geneigten Glasflächen zurückzuführen, als auf die Zunahme der Flächengröße selbst.

Normales transparentes Glas läßt solare Energiestrahlung zu etwa 90 % hindurchtreten. Für die im Fahrzeuginneren absorbierte und in langwellige Wärmestrahlung transformierte Solarstrahlung, ist Glas hingegen nicht durchlässig. Dieser sogenannte Treibhaus-effekt sorgt in den kalten Monaten für ein angenehmes Innenklima. In den Sommermonaten führt er allerdings zeitweilig zu einer kaum zu tolerierenden Überwärmung des Fahrzeuginnenraumes.

Durch selektive Absorption als auch durch selektive Reflektion von Anteilen des Solarspektrums außerhalb des sichtbaren Bereichs ist der Einfall von Solarstrahlung ins Wageninnere zu mindern und zwar um den außerhalb des sichtbaren Bereichs liegenden energetischen Anteil in einer Größenordnung von etwa 50 %. Höhere Dämmquoten gehen dann zu Lasten der Transparenz im sichtbaren Spektralbereich.

Nach den geltenden Zulassungsnormen müssen Windschutzscheiben eine Lichtdurch-

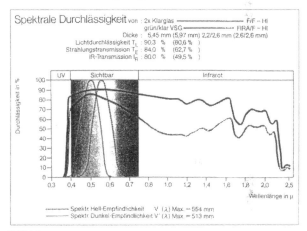

Bild 16

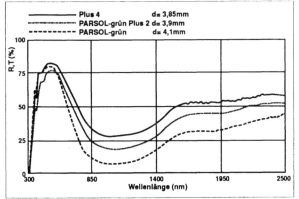

Bild 17 Spektrale Transmission von Sonnenschutzgläsern

gängigkeit von mindestens 80 % (-5 %) aufweisen. Für die Seitenverglasung gilt ein entsprechender Wert von 70 %. Als Lösung dieses Zielkonfliktes bieten sich Sonnenschutzgläser mit höherer Selektivität an, d. h. beschichtete oder im Kern eingefärbte Gläser, die absorptiv oder reflektiv mit steileren Kanten die geforderte Quote der Lichttransmission eingrenzen. Dabei sind Techniken der Strahlungsreflektion wegen der direkten Zurückweisung der Strahlungsenergie der Vorzug zu geben. Absorptive Sonnenschutzgläser entfalten ihren vollen Nutzen erst im Fahrbetrieb bei wirksamer konvektiver Wärmeabfuhr.

Wegen der anteiligen großen Flächen und der flachen Neigung zur Strahlungsquelle stellt der weit überproportionale Energieeintritt durch die Windschutz- und Rückwandscheibe ein vordergründiges Problem dar. Ein sicher nützliches Konzept, diese Scheiben sowohl im oberen, als auch im unteren Bereich mit die Einstrahlung dämmenden, graduellen zum Hauptsichtfeld verlaufenden Filterbändern auszustatten, ist bisher nicht zum Tragen gekommen. Im Falle der Windschutzscheibe könnte man zusätzlich durch solche, auch gleichfalls lichtdämpfende Farbfilter Blendstörungen bei Nacht mindern.

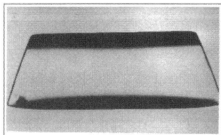

Bild 18 Verbund-Windschutzscheibe mit doppeltem Bandfilter

Wärmeschutzgläser sollten zur Standardausrüstung eines modernen Kraftfahrzeuges gehören. Die Glasindustrie bleibt bemüht, deren Wirksamkeit kontinuierlich zu erhöhen. Doch auch der Automobilkonstrukteur kann zur Minderung der sommerlichen Überwärmung des Fahrzeuginnenraumes beitragen, so durch Dämmaßnahmen an Dach- und Bodenflächen und vor allen Dingen an der Trennwand zum Motorraum. Ferner sollten Ausstattungsteile mit hohen Wärmekapazitäten und Oberflächen mit hohen Absorptionswerten vermieden werden. Das letztere gilt auch für die Lackierung der Außenhaut des Fahrzeuges. Bekanntlich können hellfarbige Lackierungen der Karosserie die Innenraumtemperatur merklich absenken.

4.5 Fortschrittliche Fügekonzepte der Karosserieverglasung

Bereits Ende der 60er Jahre ging man in den USA dazu über, Glasscheiben mit dem Karossenflansch klebend zu verbinden. Unter anderem war, so bei Windschutzscheiben, die Erfüllung eines gesetzlichen Standards der Anlaß hierfür. Es galt bei Kollisionen, das Risiko der "Ejection" von Insassen zu vermeiden.

Anfänglich benutzte man als Klebemedium eine zähplastische Dichtungsmasse. Doch bald erkannte man die Vorteile der heute generell üblichen kraftschlüssigen Verklebung mittels eines PU-Klebers. Zwischen Scheibenrand und Karosserieflansch härtet die viskose Klebemasse zu einem zähelastischen Steg aus. Eine auf diese Weise integrative und kraftschlüssige Einbindung der Scheiben trägt zur Versteifung der Karosserie bei. Sie kann dann in gewichtssparender Weise konstruktiv leichter gestaltet werden. In Deutschland war die Firma Audi ein Vorreiter dieses sogenannten integrativen Verglasungskonzeptes.

Bild 19 Geometrisch exakte Formung des Klebestegs durch robotisierte Extrusionstechnologie

Bild 20.3 zeigt das Konzept einer integrativen, kraftschlüssigen Verglasung mittels einer PU-Kleberaupe. Ein auf die Scheibenkante aufgesetztes Rahmenprofil ist hier erforderlich, um die Scheibenfuge, in die oft aufgetragene Klebmasse einwandert, abzudecken.

Der künftige robotisierte Einbau von Scheiben erfordert einbaufreundlich präparierte bzw. vormontierte Scheiben. Aus logistischen Gründen der Sicherung der Kontinuität des Montageablaufs wird man bestrebt sein, vorbereitende Prozesse der Scheibenmontage, insbesondere wenn sie platzbeanspruchend und darüber hinaus störanfällig sind, vom Montageband fernzuhalten.

Die "Encapsulation" von Glasscheiben, d. h. des unmittelbaren Anspritzens eines Kunststoffrahmens oder von funktionalen Rahmenteilen im RIM- oder im IM-Verfahren, bietet zudem den Vorteil der Einhaltung genauer Flächentoleranzen des Einbauteils.

Dem Trend zur aerodynamischen Karosseriegestaltung folgt das Konzept der formschlüssigen und windschlüpfrigen Verglasung. An Vorteilen stehen hier an: die Verbesserung des cW-Wertes, ferner die Verminderung von Windgeräuschen, letztlich aber auch Kosten und Gewichtseinsparungen durch Minderung des Materialaufwandes.

Die rahmenlose Verglasung als zukünftiges Verglasungskonzept bedeutet die volle Ausschöpfung der genannten Vorteile. Sie hat aber auch den Vorzug, stilistisch durch formschlüssige Übergänge von Glasflächen zum Karosseriekörper das aerodynamische Design zu betonen.

Das sogenannte 2-Stufen-Verklebungskonzept sieht die Extrusion eines U-förmigen Profils entlang des Scheibenrandes aus dem für die Verklebung vorgesehen aushärtenden PU-Material, nebst der zunächst erforderlichen Cleaner- und Primerprozessen in ihren eigenen Fertigungsstätten vor. In diesen Profilstrang können Distanzleisten und randüberstehende Leisten zum Kantenschutz des Flansches angeformt werden (Bild 20.4). Am Montageband bedarf es dann nur noch der Auffüllung des extrudierten Profilsteges mit dem gleichen Klebematerial und des Einbringens in die Scheibenöffnung der Karosserie mittels eines Roboters.

Zur Erleichterung der Montage können dem Klebesteg auch Justier- und Fixierhilfen angeformt werden. Nach Bild 22A wird die Scheibe an einem aufgesteckten Bügel aufgehängt; nach Bild 22B stützt sie sich auf der unteren Flanschkante ab (siehe auch Bild 23).

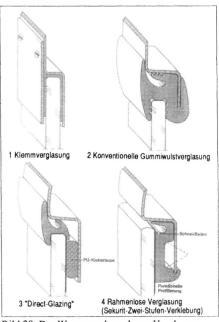

1 Klemmverglasung 2 Konventionelle Gummiwulstverglasung

3 "Direct-Glazing" 4 Rahmenlose Verglasung (Sekurit-Zwei-Stufen-Verklebung)

Bild 20 Der Weg zur rahmenlosen Verglasung

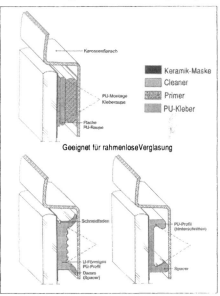

Bild 21 Rahmenlose Verglasung: Klebesteg mit elastischen Abstandslippen und vergrößerter Oberfläche; rechts: Klebesteg mit hinterschnittenen Seitenflanken zur mechanischen Verkrallung

Bei Fortentwicklung der Robotertechnologie wird es zukünftig möglich sein, den Profilstrang exakt nach der Norm des Flächenmaßes der Scheibe zu verlegen. Die in den Strang einzuklebenden oder einzuklemmenden Krampen zur Aufnahme von Fugenleisten halten dann umlaufend einen definierten Abstand zum Scheibenrand ein (Bild 24).

Die Vorteile des Zweistufen-Verfahrens liegen neben der Reduktion von Arbeits- und Betriebskosten vor allen Dingen in der Erhöhung der Zuverlässigkeit und Qualität der Verklebung infolge der definierten Ausformung des Klebestranges, ferner in der Verkürzung der Aushärtezeit, bedingt durch die am Montageband minimierte Auftragsmenge des Klebers.

Mit zusätzlicher Nutzung angeformter Distanz- und Abdeckprofilleisten bietet dieses Verfahren ein Höchstmaß an technischer Rationalität. Erst ein Verklebungskonzept mit vorgeformten Klebestegen öffnet den Weg zu einer konstruktablen, materialschonenden, sicheren und in der Großserienfertigung kompetent zu beherrschenden Verbindungstechnik.

Mit Hilfe des zweistufigen Klebeverfahrens läßt sich vorallendingen der ingenieurmäßige Grundsatz nach einer mechanischen Absicherung jeglicher Verklebungsprozesse verwirklichen (Bild 21.3). Insbesondere bei hochbelasteten Klebeverbindungen bei denen ein Versagen der Klebung mit einem hohen Risiko behaftet ist, sollte auf eine zusätzliche mechanische Verankerung der Klebepartner nicht verzichtet werden (siehe auch Bild 25).

Es bedarf in diesem Zusammenhang noch des Hinweises, daß die Extrusion des Basisprofils,

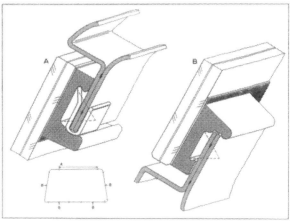

Bild 22 Profilierter Klebesteg als Justier- und Fixierhilfe der Windschutzscheibe

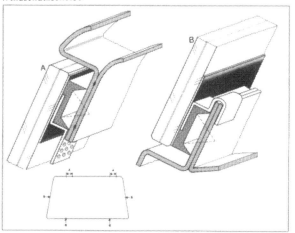

Bild 23 Profilierter Klebesteg mit integrierten Laschen zur mechanischen Fixierung der Scheibe an den Flansch

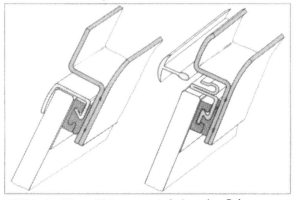

Bild 24 Profilierter Klebesteg zur Aufnahme eines Rahmens. Durch Extrusion nach Maßgabe der Nullinie kann die Flächentoleranz der Scheibe kompensiert werden.

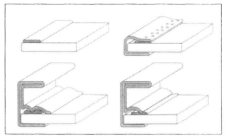

Bild 26 Auf PU-Vorbeschichtungen aufgebrachte Klemmprofile

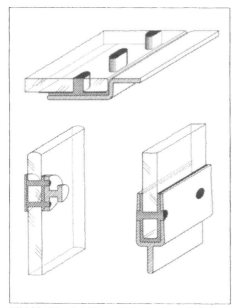

Bild 25 Metall-/ Glasverklebung mit zusätzlicher mechanischer Verankerung bzw. Vernietung

also das Aufbringen des geformten Klebestegs auf den Scheibenrand mit einem extrem hohen Auftragsdruck erfolgt. Auf diese Weise wird auch bei abweichenden Viskositäten des Klebematerials eine sichere Benetzung der Scheibenoberfläche erreicht und Lufteinschlüsse, die zu Undichtigkeiten führen können vermieden. Ohne die Einhaltung dieser unbedingten Prozeßanforderungen verbleibt das Verkleben von Scheiben im Automobilbau in einer vorindustriellen Phase. Selbstverständlich bedarf es einer automatischen Kontrolle der Schichtdicke des Cleaners und Primers.

Was sich auf dieser Verfahrensstufe dann noch zukünftig als Perspektive anbietet, ist die Bandanlieferung solcher Scheiben mit einer bereits eingebrachten verklebungsbereiten Montageraupe. Von Vorteil erweisen sich "vorbeschichtete Scheiben" auch bei der Ersatzmontage, insbesondere dann, wenn seitens des Glasherstellers, bevorzugt bei Windschutzscheiben, an den Rand des Profilsteges ein Schneidefaden eingelegt wird, der das Austrennen der Scheibe zu einer technisch leicht zu beherrschenden Prozedur macht.

Einem Verglasungskonzept, das eine rasche und rationale Ersatzmontage gewährleistet, sehen nicht nur die Kraftfahr-Versicherungen entgegen, sondern auch die Automobilhersteller selbst. Für beide Seiten ist es von Nutzen, die Qualität und die Ökonomie der Werkstattleistungen in diesem Bereich anzuheben. Schließlich besteht behördlicherseits die Forderung, bei einem Verschleißteil, wie es zweifelsohne die Windschutzscheibe darstellt, für ein leicht beherrschbares Austauschverfahren zu sorgen.

5. GLAS, EIN WERKSTOFF MIT ZUKUNFT

Die Glasindustrie bleibt zunächst weiterhin bemüht, den Verletzungsschutz der Automobilgläser zu optimieren, so durch Kunststoffkaschierung der Innenflächen, nicht nur der Windschutzscheibe, sondern auch der Seiten- und Rückwandverglasung. Es wird Scheibensysteme mit verbesserter Wärme- und Schalldämmung geben, beschlaghemmende Verglasungen, Windschutzscheiben mit hochtransparenten Heizleiterschichten, Windschutzscheiben mit integrierten Head-up-Displays, Mehrfach-Scheibenantennen für Antennen-Diversity-Systeme, auch Glasdächer mit integrierten photovoltaischen Elementen zur Versorgung von Belüftungseinrichtungen während der Parkzeit.

Glas gehört zu den Werkstoffen der Zukunft. Es gibt keine Recycling-Probleme. Glas ist als anorganischer Stoff nicht brennbar und nicht toxisch. Bei noch einsparfähigem Energieverbrauch für seine Herstellung und Verarbeitung, sind alle erforderlichen Rohstoff-Ressourcen unbegrenzt vorhanden.

Prüfung von Fahrzeugscheiben und Entwicklung neuer Prüfverfahren

G. Teicher

Einleitung

Aus den vorangegangenen Vorträgen wissen Sie, daß es Anforderungen für die Fahrzeugscheiben gibt, die der Gesetzgeber bzw. von diesem beauftragte Institutionen festgelegt haben. Bei den Glasherstellern wird geprüft, daß die produzierten Scheiben die Anforderungen erfüllen. Glashersteller, die auf Qualität achten, führen diese Prüfungen mit entsprechender Sorgfalt durch.

Die Automobilhersteller prüften und prüfen stichprobenweise an den angelieferten Scheiben Maßhaltigkeit und Erfüllung der Anforderungen bezüglich Festigkeit und Optik.

Mit der ständig fortschreitenden Entwicklung der Fahrzeuge haben auch die Fahrzeugscheiben Veränderungen erfahren. Zu den Funktionen Schutz und Durchsicht kamen neue hinzu, und das Glas wurde in die tragende Karosserie eingebunden.

An Beispielen möchte ich Ihnen zeigen, wie sich die Fahrzeugverglasung mit den Fahrzeugen weiterentwickelt hat und welche Prüfverfahren dadurch notwendig wurden.

1. Rückblick

Nachdem sich das Automobil schnell von der ursprünglichen Kutschenform wegentwickelte, wurde Glas als Schutz und Durchsicht bietendes Teil des Fahrzeuges eingesetzt. Es war planes, in der Regel senkrecht stehendes Fensterglas. Die Qualität dieses Glases war stark vom Herstellungsprozeß abhängig. Durch Prüfverfahren wurde eine für die Fahrzeuge geeignete Qualität ausgesucht. Bekannte Verfahren waren z. B. das Schräglinienverfahren nach Egner und die Prüfung auf Keilfehler nach Wetthauer-Petri. Vom Maschinenglas (horizontal und vertikal gezogen) über Kristallspiegelglas (beidseitig geschliffen) ging die Entwicklung weiter zum Floatglas. Im Floatglasprozeß wird heute weltweit in allen Glashütten ein optisch gutes Vorprodukt hergestellt.

Nach dem zweiten Weltkrieg wurden mehr und mehr gebogene Scheiben eingesetzt. In dieser Zeit wurden erste Normen und Anforderungen festgelegt. Nach der Richtlinie für die Prüfung von Fahrzeugteilen vom 25. Januar 1965 mußten Scheiben aus Sicherheitsglas (ESG-Einscheibensicherheitsglas und VSG-Verbundsicherheitsglas) die darin festgelegten Anforderungen bezüglich mechanischer und optischer Eigenschaften erfüllen.

Die Festigkeit wurde durch Temperaturwechselprüfung, Biegeversuch und Beanspruchung durch Fallkörper ermittelt, während die optische Qualität visuell (die Scheiben dürfen keine Blasen, milchige Trübungen, schmutzige bzw. verfärbte Stellen oder sonstige durchsichtstörende Eigenschaften haben) sowie durch Messung der Lichttransmission, des Ablenkwinkels und der Brechwerte ermittelt wurde.

Ich möchte Ihnen dazu demonstrieren, wie die Anforderungen an Fahrzeugscheiben, die bei der Adam Opel AG "Technische Lieferbedingungen" genannt werden,
1969 aussahen: 2 Seiten
Zum Vergleich Ende 1989: 28 Seiten

2. Prüfungen und Prüfverfahren

Für die fertig produzierte Scheibe sind Größen, Unparallelität der Randauflage, Randwelligkeit, Haupt- und Querbiegung die wichtigsten maßlichen Eigenschaften. Sie werden auf einer Lehre überprüft.

Bild 1: Frontscheibe auf der Lehre

Bild 2: Mit dem Fühler (an der Kette) wird die Unparallelität zur Randauflage geprüft

Während der laufenden Fertigung beim Glashersteller werden fortlaufend Stichprobenprüfungen auf der Lehre durchgeführt. Da es sich hier um eine aufwendige manuelle Prüfung handelt, ist es das Ziel aller Glashersteller, die Prüfung zu automatisieren. Solche automatischen Glaslehren gibt es bereits. Dabei werden alle vorher genannten maßlichen Eigenschaften durch eine Vielzahl pneumatischer Taster erfaßt und im Rechner bewertet. Dieses Prüfsystem soll in die laufende Fertigung integriert werden, d. h., es erfolgt eine 100 %-Kontrolle der Scheiben im Fertigungsprozeß. Mit Einsatz solcher Verfahren tritt die Lehrenprüfung beim Automobilhersteller mehr und mehr in den Hintergrund.

Seiten- und Heckscheiben sind regelmäßig vorgespannt und im Regelfall aus Einscheibensicherheitsglas. Frontscheiben waren in der Vergangenheit unregelmäßig vorgespannt und ebenfalls aus ESG.

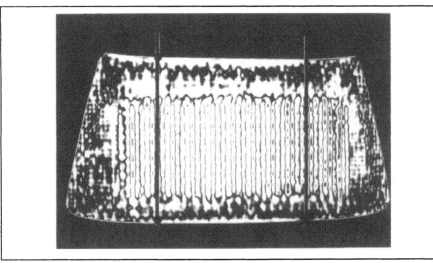

Bild 3: Unregelmäßig vorgespannte Windschutzscheibe mit polarisiertem Licht aufgenommen

Die Betrachtung der Scheiben im polarisiertem Licht ist ein Übersichtsverfahren, welches zeigt, ob die geforderte regelmäßige oder unregelmäßige Vorspannung vorhanden ist. Zur genauen Überprüfung der Vorspannung, d. h. des geforderten Aussehens (Krümelanzahl und -größe) nach Bruch, muß die Scheibe zerstört werden.

Bild 4: Einscheibensicherheitsglas nach Bruch
Die Bruchstücke zeigen, daß die Scheibe nicht regelmäßig vorgespannt war

An vorgespannten Gläsern gab und gibt es heute noch den sogenannten Spontanbruch, der natürlich eine Ursache hat. Erfahrene Prüfer können die Ursache des Spontanbruchs ermitteln, wenn das Bruchursprungszentrum, die sogenannten Spiegel (s. Bild 5a), zur Verfügung stehen. Um diese Spiegel bildet sich ein Liniensystem, die sogenannten Wallnerlinien. Durch Auswertung dieser Linien sind Aussagen über Bruchablauf und Bruchursache möglich.

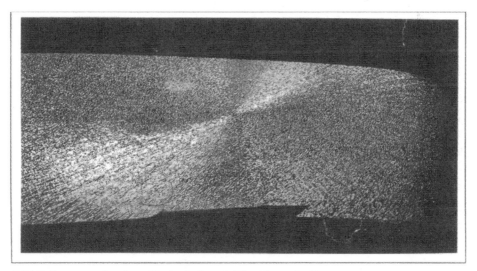

Bild 5: Spontan gebrochene Heckscheibe mit "Strahlenverlauf"

Bild 5a: Bruchursprungszentrum mit Spiegeln a und b

So traten z. B. 1969 im Winter an fertigen, für den Transport bereitstehenden Fahrzeugen in großer Zahl Spontanbrüche an unregelmäßig vorgespannten WSS auf. Als Bruchursache wurden im Glas befindliche Partikel (s. Bild 5b) von den Steinen ermittelt, aus denen die Schmelzwannen gefertigt waren. Die unterschiedlichen Wärmeausdehnungskoeffizienten beider Werkstoffe lösten bei extremer Temperatur Brüche aus.

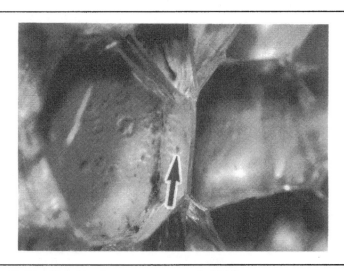

Bild 5b: Einschluß im Glas, Bruchursprungszentrum (s. Pfeil)

Es sind Fälle bekannt, daß vorgespannte Scheiben platzten, während das Fahrzeug in der Garage stand. Blieb die Scheibe stehen, so konnte die Bruchursache, in der Regel eine vorhergegangene kleine Verletzung, nachgewiesen werden. Verletzungen, die mit dem bloßen Auge kaum zu erkennen sind, führen bei Glas zu einer erheblichen Reduzierung der Festigkeit. Das kann man mit dem Kugelfallversuch an vorgespanntem Glas nachweisen. Ein 4 mm dickes, unbeschädigtes Planglas (30 cm x 30 cm) bleibt beim Aufprall einer 2550 g-Kugel ganz. Werden an einem gleichen Glas auf der der Kugel abgewandten Seite mit feinem Schmirgelpapier ein paar Haarkratzer aufgebracht, so platzt die Scheibe beim gleichen Aufprall in Krümel.

Die Windschutzscheibe ist am Fahrzeug die Scheibe, die durch Aufprall von Gegenständen am meisten gefährdet ist. Da ESG-WSS oft zu Bruch gingen, wurden mehr und mehr VSG-WSS eingesetzt. Allerdings war bei den VSG-WSS die Gefahr groß, daß sie vor dem Einbau beim Handling durch Anschlag auf die Kante beschädigt wurden. Durch das Herstellverfahren entstand an den VSG-Scheiben eine geringe Druckspannung umlaufend am Rand. Versuche ergaben, daß die Scheiben dann, wenn man höhere Druckspannung gezielt aufbrachte, geringere Verletzungsanfälligkeit aufwiesen. Mit den Glasherstellern wurden Untersuchungen durchgeführt, um die optimale Druckspannung in der Randzone zu finden.

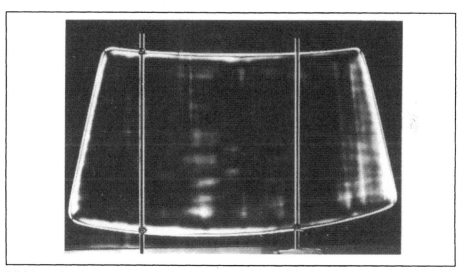

Bild 6: VSG-Windschutzscheibe im polarisierten Licht
Die Druckspannungen im Randbereich sind gut zu erkennen

Dazu dienten u. a. Beschußversuche mit einer Druckluftkanone, wie sie auf dem Bild 7 zu erkennen ist. Es wurden 5 mm Stahlkugeln und Aluminiumkörper mit einer 1 mm Stahlkugel an der Spitze auf die Scheibe geschossen. Das Ziel war, entlang des Druckspannungsbereiches rundum am Rand eine möglichst schmale Zugspannungszone zu erhalten. Denn in diesem Bereich führen schon Steinschläge kleiner Energie in der Regel zu Sprüngen.

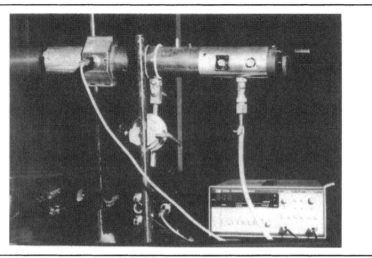

Bild 7: Beschußeinrichtung
Auf dem Meßgerät unten wird die Geschoßgeschwindigkeit angezeigt

Der nächste große Schritt in der Entwicklung der Fahrzeugscheiben war dann Anfang der 70-er Jahre die heizbare Heckscheibe, die heute Standard in fast jedem Fahrzeug ist.

Bild 8: Heizbare Heckscheibe

An diesen Scheiben mußte folgendes geprüft werden:

a) Funktion

Um Abtauverhalten und -verlauf verschiedener Scheiben vergleichend zu prüfen, mußte ein neues Verfahren erarbeitet werden. Die zu prüfende Scheibe wird 16 h lang in -30°C gelagert, anschließend 1 Minute lang in Raumtemperatur mit 60 % rel. Luftfeuchte gehalten und dann in einer Kältekammer bei -10°C vor einer schraffierten Wand aufgebaut. An die Anschlüsse werden 11,5 V angeschlossen, und der Abtauverlauf wird in festen Zeitabschnitten fotografiert. Die Sichtbarkeit der schraffierten Wand in bestimmter Zeit ist ein Maß für die Wirkung der Scheibe. Dadurch ist die sehr teure Prüfung der Scheibe, eingebaut in ein Fahrzeug, im Klimakanal nicht mehr erforderlich. Das Verfahren ist besonders gut für den Vergleich verschiedener Scheiben.

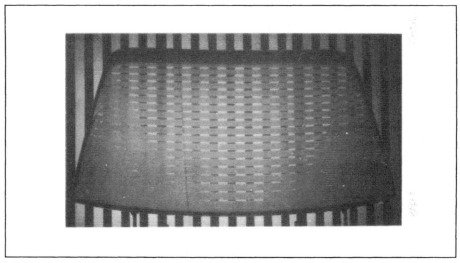

Bild 9: Abtauverlauf nach 1 Minute an einer heizbaren Heckscheibe. Dazu wird die Scheibe durch Lagerung in verschiedenen Klimata bereift.

Bild 9a: 3 Minuten Abtauzeit

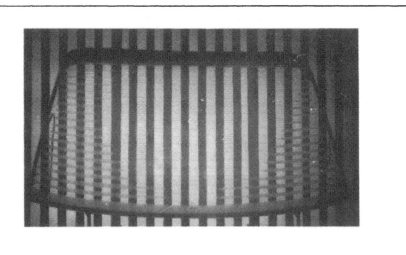

Bild 9b: 7 Minuten Abtauzeit

b) Temperatur der Heizleiter und Sammelschienen
Nachdem heizbare Heckscheiben mehr und mehr in Fahrzeuge eingebaut wurden, legte der Gesetzgeber fest, daß die Temperatur auf den Heizleitern +70°C nicht überschreiten darf. Für die Temperaturmessung wurden Thermofühler aus Glas eingesetzt, die wegen der geringen Wärmekapazität auf den dünnen Leitern besonders geeignet sind.

Unsere Kunden wünschen, daß die heizbaren Heckscheiben sehr schnell abtauen. Deshalb sollte die aufgebrachte Leistung möglichst auf das Heizfeld konzentriert und so wenig wie möglich auf den Sammelschienen verbraucht werden. Durch Versuchsreihen mußte eine optimale Sammelschienenbreite gewählt werden. Dabei wurde die Temperaturverteilung auf der Scheibe mit einer Thermokamera beurteilt (s. Bild 10).

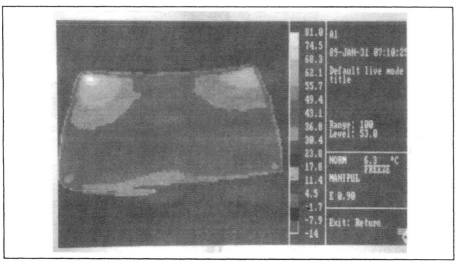

Bild 10: Heizbare Heckscheibe mit Infrarotkamera aufgenommen
Mit Hilfe der Skala ist eine genaue Zuordnung der Temperaturen auf der Scheibenfläche möglich.

c) Haftung der Heizleiter auf Glas und der Anschlußelemente auf den Sammelschienen
In der Entwicklungsphase der heizbaren Heckscheiben mußten Erfahrungen über die Haftung der Heizleiter auf dem Glas gesammelt werden. Dazu wurden Rasierklingen mit Zweikomponentenkleber auf die Leiter geklebt und die Abzugskräfte gemessen. Auch die Abzugskräfte der auf den Sammelschienen aufgelöteten Anschlußelemente wurden gemessen und Werte in die Lieferbedingungen aufgenommen.
Die ersten heizbaren Heckscheiben für Opel hat die Firma Vegla (Sekurit) hergestellt. Im Bereich der Sammelschienen und Heizleiter wurde im Siebdruckverfahren Silberpaste aufgedruckt, eingebrannt und dann als Schutz eine Nickelbeschichtung darauf galvanisiert. Nach den Wünschen der Automobil-Designer sollten die Heizleiter so wenig wie möglich auffallen. Die Siebdrucktechnik auf Glas wurde immer besser. Außerdem wollten die Kunden durchaus zeigen, daß sie eine heizbare Heckscheibe im Fahrzeug hatten. So durften die Heizleiter etwas breiter werden. Heute werden in großen Stückzahlen beheizbare Heckscheiben eingesetzt, an denen das Heizfeld mit Silberpaste im Siebdruckverfahren aufgedruckt ist.

Inzwischen werden Gläser auch partiell beheizt, z. B. die Parkstellung der Scheibenwischer auf der Frontscheibe.

Von den heizbaren Heckscheiben war der nächste Schritt zur Antennenscheibe naheliegend (s. Bild 11). Als Antenne dient eine auf die Scheibe gedruckte, leitfähige Konfiguration, deren optimale Form bezüglich Empfangsverhalten (Richtdiagramm, Empfangspegel) durch umfangreiche Messungen ermittelt wird. Das Empfangsverhalten ist von der Karosserie und vom Einbauort im Fahrzeug abhängig. Eine gute Richtcharakteristik kann oft nur durch eine weniger leistungsfähige Antenne kompensiert werden. Ziel war es, daß der Empfang über die Scheibenantenne gleich gut ist wie bei einer Stabantenne.

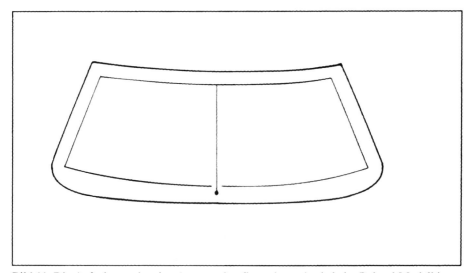

Bild 11: Die Aufnahme zeigt eine Antennenkonfiguration, wie sie beim Rekord-Modell im Einsatz war

Prinzipiell kann auch die heizbare Heckscheibe als Antenne benutzt werden. Sie ist wegen der vorgegebenen Heizgeometrie nicht so leistungsfähig wie die WSS, was ebenfalls durch einen Verstärker kompensiert werden muß. Für den AM-Empfang (Mittel-, Kurz- und Langwelle) sollte ein separates Antennenfeld aufgebracht werden, da für diese Frequenzbereiche die HF-Entkopplung der heizbaren Heckscheibe vom Bordnetz wegen des hohen Heizscheibenstromes sehr aufwendig ist.

Angeschlossen wurde die Antenne mit einem aufgelöteten Knopf, wie er auch bei Batterien verwendet wird. Zur Prüfung der Haftfestigkeit der Lötverbindung wurde eine kleine Vorrichtung entwickelt. Die Abzugskraft muß min. 100 N betragen.

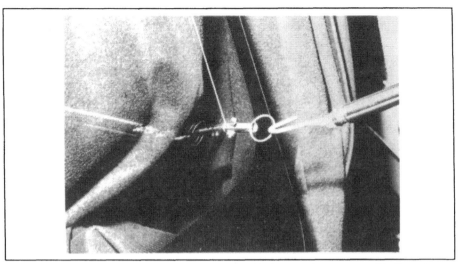
Bild 12: Abziehvorrichtung zur Prüfung der Lötverbindung es Antennenanschlußknopfes

Die Konstrukteure bezogen die Scheiben mehr und mehr in den Zusammenbau der Karosserie ein. Dadurch wurde es notwendig, Metallteile an Scheiben zu befestigen. Bei den meisten Fahrzeugen wird der Innenspiegel auf der Frontscheibe befestigt. Dazu wird ein Metallteil, die Halteplatte, mit einer PVB-Folie durch induktive Erwärmung auf die Scheibe geklebt. Das Ablösemoment der Halteplatte muß min. 20 Nm betragen. Die Belastung wird so aufgebracht, wie das Bild 13 zeigt. Art und Höhe der Belastung sollten nachempfinden, daß es Autofahrer gibt, die sich beim Aussteigen am Innenspiegel hochziehen.

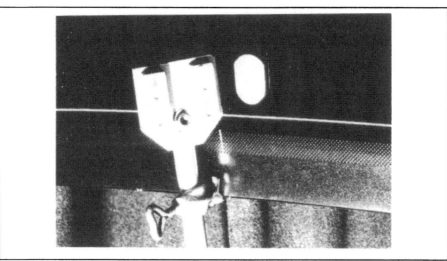

Bild 13: Die Aufnahme zeigt die Prüfeinrichtung, mit der die Haftkraft der Spiegelhalteplatte auf dem Glas geprüft wird

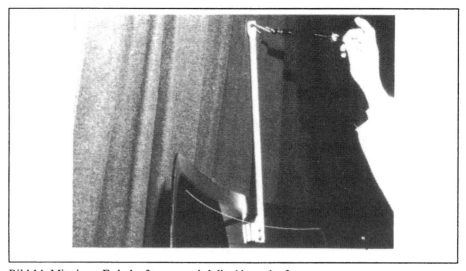

Bild 14: Mit einem Federkraftmesser wird die Abzugskraft gemessen

An Fallfensterscheiben werden Metallteile (Führungs- und Hebeschienen) mit PU-Kleber auf das Glas geklebt. Hier war die Aufgabe gestellt, nachzuweisen, daß der Klebebereich vor dem Verkleben verprimert war. Prüfungen direkt nach dem Verkleben ergaben, daß nicht geprimerte Scheiben gleiche Haftungswerte zeigten wie geprimerte Scheiben.

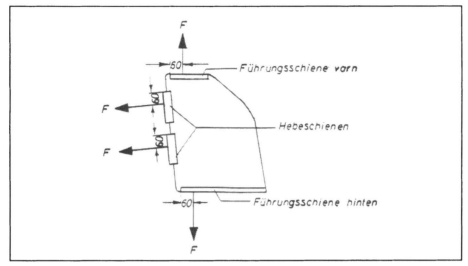

Bild 15: Die Aufnahme zeigt, wie aufgeklebte Metallteile zur Prüfung der Haftung am Glas belastet werden. Die Abziehkraft muß min. 1500 N betragen

Die Haftung an den nicht geprimerten Scheiben fiel allerdings nach ca. 4 Wochen extrem ab. Das hatte zur Folge, daß beim Omega in der Anlaufphase lose Fallfenster in größeren Mengen auftraten.

Der Primer, eine fast klare Flüssigkeit, fluoresziert bei Bestrahlung mit UV-Licht. Als Kontrolle, ob Primer aufgetragen war oder nicht, wurde eine 100 %-ige visuelle Beobachtung eingeführt. Es zeigte sich aber, daß die Prüfer nach stundenlanger Beobachtung völlig überfordert waren. Daraufhin wurde eine Primer-Tauchstation installiert. Die Scheiben werden außerdem automatisch vermessen und die Klebermenge aufgrund der Meßergebnisse automatisch dosiert. Mit Einsatz dieser Maßnahmen gab es keine abgelösten Schienen mehr. Feste Seitenscheiben werden im Randbereich mit PVC oder PU umspritzt, teilweise auch Heckscheiben. An den Seitenscheiben werden Befestigungsteile vorher in die Form gelegt und mit angespritzt. Die Umspritzung erfolgt bei sehr hohen Drücken. Es kam bei kleinen Verletzungen des Glases, die bei einer in Gummi gefaßten Scheibe keine Rolle spielten, zum Bruch. Die Umspritzer waren Gummi- oder Metallbearbeiter, die mit dem Werkstoff Glas keine Erfahrungen hatten. Zwischen Glashersteller und Umspritzer mußte vermittelt werden. Mit jedem Zusatz an Glas vemehrte sich das Handling der Scheiben und damit die Wahrscheinlichkeit von kleinen Mängeln und Fehlern, die Scheiben wurden auch wesentlich teurer. Als der Glaslieferant den Automobilhersteller direkt belieferte, war folgendes vereinbart:
Alles, was bei diffusem Tageslicht in 50 cm Augenabstand erkennbar ist, war ein Fehler. Für Scheiben mit zusätzlicher Bearbeitung kann so nicht verfahren werden, da der Ausschuß

dann bis zu 50 % beträgt. Bei viuseller Beurteilung, ob "i. O." oder "n. i. O." kam es immer zu großen Meinungsverschiedenheiten. Deshalb versuchen wir z. Z., alle Unvollkommenheiten meßbar zu machen, damit Lieferanten und interne Kontrollstellen die gleiche Basis haben.

Front- und Heckscheiben werden in vielen Fahrzeugen mit PU-Kleber in die Karosserie eingeklebt. Die PU-Kleber sind sehr empfindlich gegen UV-Licht. Darum wird auf den zu verklebenden Scheiben (aus ästhetischen Gründen auch an den zu umspritzenden) der Klebebereich mit einem in der Regel schwarzen Siebdruck versehen. In dieser Zone darf der Transmissionsgrad im UV-Bereich 0,5 % und im sichtbaren Bereich 1 % nicht überschreiten.

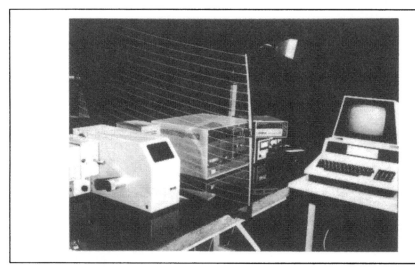

Bild 16: Die Aufnahme zeigt ein Spektralphotometer, mit dem der Transmissionsgrad im Bereich von 200 nm bis 2500 nm an ganzen Scheiben gemessen werden kann

Der Druck darf sich nicht verfärben. Es hat sich gezeigt, daß sich der Siebdruck durch Umwelteinfluß (Schwefel) blau irisierend verfärbt. So verfärbter Siebdruck hat keine ausreichende Haftung zum PU-Kleber. Deshalb dürfen bedruckte Scheiben nicht in Meeresklima gelagert werden.

Zu dem Einfluß des Klimas auf Glas noch eine kleine Rückblende. In den 50-er, 60-er und 70-er Jahren gab es ein Ersatzteillager von GM in Malaysia für den Südostasiatischen Raum. In Rüsselsheim wurden Scheiben in Kisten verpackt und per Schiff dorthin transportiert. Aus Malaysia wurde wiederholt beanstandet, daß die Scheiben, wenn sie aus der Kiste entnommen wurden, bereits fleckig waren. Es handelte sich um die sogenannte Lagerbläue. Da die

Schiffe mehrfach zwischen Klimazonen wechselten, bildete sich zwischen den Scheiben Kondenswasser, was zu einem hydrolytischen Angriff auf die Glasoberfläche führte. Während des Trocknens bildete sich eine Natronlauge mit zunehmender Konzentration, die das Silikatgerüst des Glases an der Oberfläche zerstörte. Versuche mit verschiedenen Verpackungen zeigten, daß keine Lagerbläue auftrat, wenn die Scheiben in offenen Verschlägen transportiert wurden. Konsequenz war eine neue Verpackungsvorschrift für den Transport von Glas auf See.

In den letzten Jahren war das Bestreben der Glasindustrie, immer rationeller und kostengünstiger zu fertigen. Neue Biegeverfahren und neue Biegeöfen wurden entwickelt. Sehr schnell mußten wir erkennen, daß die nach diesem Verfahren hergestellten Scheiben z. T. erhebliche Wellen aufwiesen.

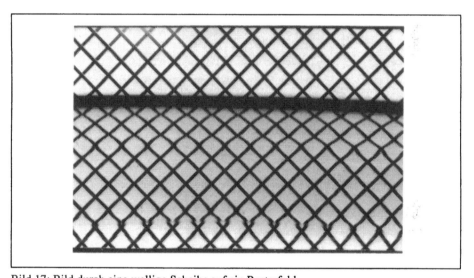

Bild 17: Bild durch eine wellige Scheibe auf ein Rasterfeld

Bild 18: Reflexion einer schraffierten Fläche über eine wellige Seitenscheibe

Diese Fehler waren mit den bis dahin bekannten Prüfverfahren nicht oder nur mit riesigem Aufwand zu klassifizieren. Es mußten Prüfverfahren entwickelt werden, die bei geringerem Aufwand schnellstmöglich Meßergebnisse lieferten. Auf der Skizze 19 wird das neue Prüfverfahren vorgestellt.

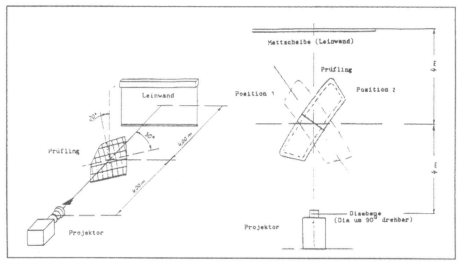

Bild 19: Die Skizze zeigt den Prüfaufbau für wellige Front-(rechts)und Seitenscheiben (links).
Sie werden z. Z. im Normenausschuß Sicherheitsglas beraten.

3. Ausblick

Für die Zukunft kann man sich vorstellen, daß bei der Lehrenprüfung in der Serie anstelle der pneumatischen Taster ein optische Abfrage erfolgt. Für die Prüfung der Scheiben auf Welligkeit ist ein automatisches Prüfsystem "OPS" in Erprobung. Dabei wird ein "Zebra-Raster" entweder auf die zu prüfende Scheibe projeziert und von dort auf eine weiße Wand reflektiert, oder durch die schräg stehende Scheibe auf die weiße Wand projeziert. Mit einer Videokamera wird die Veränderung der hellen und dunklen Linien ermittelt, auf einen Rechner übertragen und ausgewertet. Man kann davon ausgehen, daß optische Lehrenprüfung und Prüfung der optischen Qualität kombiniert als 100 %-Kontrolle in den Fertigungsprozeß integriert werden.

Windschutzscheiben verschleißen durch Steinschlag und das Überstreifen der Wischerblätter. Bei Regen und Gegenlicht wird die Durchsicht erheblich reduziert. Es wird darüber nachgedacht, an Frontscheiben älterer Fahrzeuge eine Streulichtmessung durchzuführen und, je nach Ergebnis, den Austausch der Scheibe zu fordern.

Verglasungssysteme Gummiverglasung bis Flash-Glazing

S. Driller

1. Einleitung

Der Vortrag behandelt die Karosserieverglasung. Es werden an Hand ausgewählter Beispiele die verschiedenen Verglasungssysteme der Volkswagen-Modellpalette vorgestellt und hieraus Tendenzen und Forderungen für zukünftige Entwicklungen abgeleitet. Der Verbund der festen Karosserieverglasung ist Schwerpunkt des Vortrages.

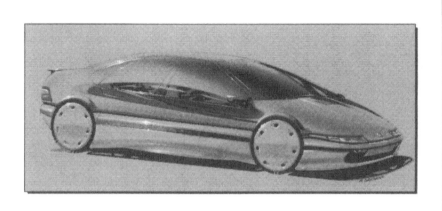

Bild 1: Design-Studie VW-AG

Bei der Entwicklung moderner PKW hat die Verglasung einen erheblichen Anteil. Immerhin besteht die Fahrzeugoberfläche bei modernen PKW zu ca. 20 % aus Glas, mit steigender Tendenz.

Der Führer eines Fahrzeugs erhält ca. 90 % aller verkehrsrelevanten Informationen über das Auge. Eine großzügige Verglasung in einer konzeptionell richtigen Auslegung (Sichtfelder, Verdeckungswinkel) leistet einen Beitrag zur Erhöhung der aktiven Sicherheit.

Zu einer weiteren Verbesserung der Aerodynamik muß sich die Verglasung in die harmonischen, weichen Karosserielinien flächenbündig einpassen. Wird der Lackspiegel eines Fahrzeugs durch die Verglasung nicht unterbrochen oder abgeknickt, so spricht man von Flash-Glazing. Diesen Zustand für Großserienfahrzeuge unter Einbeziehung aller wichtigen Entwicklungsparameter zu erreichen, ist ein Ziel unserer Entwicklung von der Gummiverglasung hin zur geklebten flächenbündigen Direktverglasung.

2. Verglasung - Käfer / Golf I

Als Einstieg zu den Verglasungssystemen der Gegenwart und der Zukunft wird kurz auf den Käfer zurückgeblickt und in groben Zügen die wichtigsten Entwicklungsschritte der Gummiverglasung erläutert.

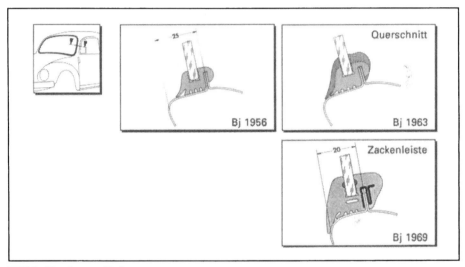

Bild 2: Verglasung Käfer

Baujahr 1956

- Gummi ohne Dichtlippe
- einteilige, stark gerundete Fensterausschnitte, daher kaum Toleranzausgleich notwendig. Kein zusätzliches Abdichten erforderlich
- ein Profil für alle Fenster
- Querschnittfläche von ca. 175 mm^2
- Taschentiefe 25 mm

Einwandfreie Funktion bei niedrigen Kosten stand bei der Verglasung des Käfers im Vordergrund. Ansätze für optimierte Aerodynamik oder Designaspekte sind nicht erkennbar und waren auch nicht beabsichtigt.

Baujahr 1963

- Querschnittsvergrößerung um 70 %

Der größere Querschnitt bewirkte eine bessere Dämpfung und damit eine höhere mechanische Belastbarkeit der Scheibe im Zusammenbau Scheibe/Gummi/Karosserie.

Baujahr 1969

- Zackenleiste

Der Schnitt zeigt die Dichtung der Frontscheibe Käfer USA. Die Anforderungen des US-Marktes konnten mit einer unverstärkten Gummiverglasung nicht erfüllt werden. In den USA muß die Frontscheibe eines Automobils bei einem 30 mph-Crash gegen ein festes Hindernis zu mindestens 75 % des Umfangs im Fensterausschnitt bleiben.

Ein Abrutschen der Dichtung vom Flansch wird verhindert durch Klammerleisten, die auf den Scheibenflansch gesteckt und verstemmt werden. Die Scheibe wurde zusätzlich mit der Dichtung verklebt. Im Scheibensitz sind die Kleberkanäle eingearbeitet. Bei einem Frontalaufprall verkrallt sich der Gummi in der Zackenleiste.

Es wurden in diesem Zusammenhang auch Versuche unternommen, die Frontscheibe zu verkleben. Es stand damals nur ein Zwei-Komponenten-Kleber zur Verfügung, der mit der Hand aufgetragen werden mußte. Die Prozeßsicherheit für ein Großserienfahrzeug wie den Käfer war nicht gegeben.

Ab Baujahr 1967 wurde die Taschentiefe von 25 mm auf 20 mm reduziert. Die Scheibe ist um 5 mm an die Fahrzeugoberfläche herangerückt. Die Frage, ob hierdurch die aerodynamischen Qualitäten des Käfers beeinflußt wurden, ist offen.

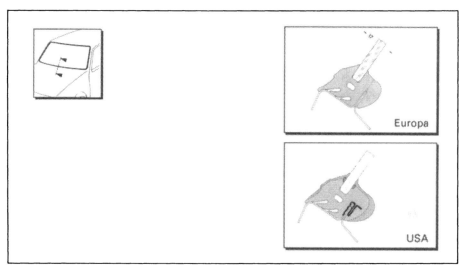

Bild 3: Vergleich Golf I Europa / USA

- Querschnittvergleich Europa / USA

Das Prinzip des USA-Käfers wurde übernommen. Das USA-Profil ist im Flanschbereich deutlich verstärkt. Die Taschentiefe ist auf 17 mm verringert. Dadurch wird eine zweite Dichtlippe erforderlich.

Dieser Überblick umfaßt einen Zeitraum von fast dreißig Jahren Entwicklung. Es gab während dieser Zeit bei der Verglasung keine entscheidenden Veränderungen konzeptioneller Art. Es zeichnen sich aber schon die Grenzen einer Gummiverglasung ab.

Im folgenden wird sich zeigen, daß sich der Wandel der Karosserieverglasung zur Zeit und in der Zukunft wesentlich dynamischer vollzieht.

3. Stand der Verglasungstechnik

3.1 Gummiverglasung

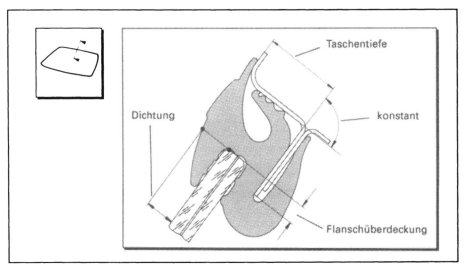

Bild 4: Prinzipschnitt Gummiverglasung

3.1.1 Konstruktive Merkmale und Richtwerte einer Gummiverglasung

- einteilige Karosserieausschnitte:
  glatte Dichtflächen, kein Verputzen

  kleine Toleranzen (± 1 mm)

- mehrteilige Karosserieausschnitte:
  CO_2-Schweißen und verputzen oder
  Feinnahtabdichtung
  große Toleranzen (± 1,5 mm)

- umlaufend konstanter Winkel zwischen Flansch und Dichtbank:
  konstanter Druck der Dichtlippen

- Eckradien ≥40 mm:
  einteilige Dichtung, in den Eckradien formgeheizt
  kein zusätzliches Abdichten erforderlich
  bei Eckradien ≤40 mm Spritzecken in Dichtung erforderlich (Mehrkosten)

- Taschentiefe nicht kleiner 14 mm:
  sichere Abdichtung

- die Dicke der Dichtung außen über der Scheibenkante nicht kleiner 4,5 mm, bei EPDM-
Dichtungen in Hart/Weich-Extrusion nicht kleiner 2,5 mm:
Scheibenfestsitz

- Flanschüberdeckung ≥1 mm:
kein Durchdrücken der Scheibe möglich

- Rohbau-, Glas- und Dichtungstoleranzen berücksichtigen:
sichere Abdichtung, gute Montierbarkeit und Optik

Diese Vorgaben sind bei VW entwickelt.

3.1.2 Feste Verglasung Golf II

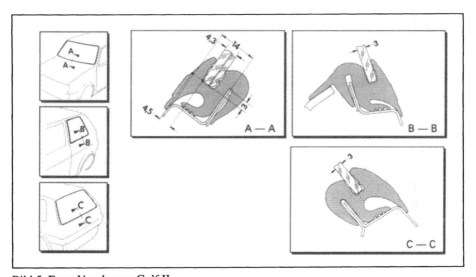

Bild 5: Feste Verglasung Golf II

Die Gummiverglasung des Golf II besitzt alle genannten Merkmale:

- alle Fensterausschnitte sind einteilig
- die Taschentiefe beträgt 14 mm
- die Dicke der Dichtung über der Scheibe 4,5 mm
- die Flanschüberdeckung beträgt 3 mm

Hieraus ergibt sich ein Versatz der Scheibe zur Außenhaut von ebenfalls 4,5 mm. Das Profil selbst hat eine Dichtlippe mit vier Dichtrillen. Die Dicke der VSG-Frontscheibe beträgt 4,3 mm (2 mm außen, 0,76 mm Folie, 1,5 mm innen). Die der ESG-Seiten- und Heckscheiben 3 mm.

Die Golf / Jetta II-Baureihe kennzeichnet die Grenzen einer Gummiverglasung für zukünftige Entwicklungen:

- Eine bündigere Einpassung der Scheibe in die Karosserie ist ohne überstehende Dichtungen nicht möglich.

- Eine weitere Verringerung der Taschentiefe birgt die Gefahr von Undichtigkeiten.

- Anforderungen werden ohne zusätzliche Maßnahmen nicht in allen Märkten erfüllt.

- Designforderungen nach kleineren Dichtungsquerschnitten sind nicht erfüllbar.

3.2 Geklebte Scheiben

3.2.1 Warum Scheiben verkleben?

In den USA wurden ab 1963 Frontscheiben an Serienfahrzeugen verklebt. General Motors lieferte ab 1965 alle PKW mit verklebten Frontscheiben aus. Grund dafür war die Panorama-Scheibe, ein Stilelement an US-Fahrzeugen der 60er Jahre, die bis zur zurückversetzten A-Säule herumgezogen waren. Diese Scheibenart war mit einer Gummidichtung ohne zusätzliche Maßnahmen nicht zu halten bzw. abzudichten (z. B. Opel Rekord Baujahr 58, Gummiverglasung und zusätzliche Abdichtung).

In Europa war der Audi 100 ab Modelljahr 77 das erste Fahrzeug mit verklebter Verglasung.

Vorteile gegenüber einer Gummiverglasung:

- Crashbestimmungen

  Bei der heute eingesetzten Klebermenge wird die Sicherheitsanforderung des 30 mph-Crash mit großem Sicherheitsfaktor erfüllt.

- Flash-Glazing

Das bündige Einpassen der Scheibe ist prinzipiell möglich. Ungelöste Probleme hierbei sind auftretende Glas- und Rohbautoleranzen sowie das Fehlen kostengünstiger Herstellverfahren für kompliziert gebogene Scheiben.

- Steifigkeit der Karosserie

Das Einkleben der Front- und Heckscheibe erhöht die Steifigkeit der Karosserie meßbar. Bei statischer Torsion der Karosserie ergibt sich eine Reduktion des Verdrehwinkels von ca. 30 %. Gleichzeitig verringern sich die Dehnungen in den Knotenbereichen um den Scheibenausschnitt im Mittel um ca. 40 % (Audi 100). Dadurch werden auch die Relativbewegungen der Innenverkleidungsteile zueinander und zur Karosserie reduziert und damit Klapper- und Knistergeräusche vermindert.

- Spannungen im Glas

Die Spannungen im Glas durch die Montage sind geringer, da die Scheibe in den Ausschnitt gelegt und angedrückt wird. Die Tiefenabweichungen zwischen Scheibe und Rohbau werden innerhalb des Klebers ausgeglichen. Bei der Gummiverglasung kommt es zu Verspannungen zwischen Scheibe, Dichtung und Rohbau, was zum Scheibenbruch führen kann.

- Arbeitserleichterung in der Montage

Der Werker braucht weniger Kraft beim Scheibenkleben als bei der Gummiverglasung.

- Automatisation der Montage

Eine automatische Scheibenmontage ist prinzipiell möglich. Im Gegensatz zur Gummiverglasung ist der Bewegungsablauf der Montage einfach und reproduzierbar.

- Gewichtsvorteile

Der häufig erwähnte Gewichtsvorteil durch Wegfall der Gummidichtung ist zumindest auf dem PKW-Sektor nicht zutreffend.Die erforderliche größere Scheibe, der Rahmen und der Kleber sind gewichtsneutral zur Gummidichtung. Die mögliche Gewichtseinsparung durch die Steifigkeitserhöhung der Karosserie ist nicht in kg auszudrücken. Eine geklebte

Verglasung kann aber in diesem Zusammenhang die Funktionalität eines Fahrzeuges erhöhen. Die hintere Querwand, ein für die Torsionssteifigkeit wichtiges Bauteil fehlt bei vielen modernen Stufenheck-Fahrzeugen. Dies ermöglicht den Transport sperriger Gegenstände.

Nachteile gegenüber einer Gummiverglasung

- Scheibenreparatur

Der Wechsel einer geklebten Scheibe ist im Vergleich zu einer in Gummi gefaßten Scheibe schwierig, zeitaufwendig und teuer.

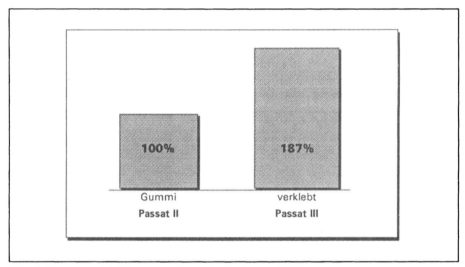

Bild 6: Kostenvergleich Reparatur Frontscheibe Passat II / III

Ist die Scheibe unbeschädigt, läßt sie sich durch den eingelegten Aramidfaden und die Aufspulvorrichtung relativ schnell ausbauen. Schwierig ist der Ausbau einer gebrochenen Scheibe. Der Faden muß entweder mit einem Griff gezogen werden, oder die Scheibenreste werden mit einem Elektromesser herausgeschnitten.

Die Lösungsansätze zum Problem Reparatur verklebter Scheiben sind nicht befriedigend.

Um kurzfristig zu deutlich verringerten Reparaturzeiten zu kommen, ist es erforderlich, in den Werkstätten Spezialisten für den Scheibenwechsel auszubilden. In den USA gibt es Spezialbetriebe, wo ausschließlich Scheibenreparaturen vorgenommen werden. Selbst Vertragswerkstätten lassen dort arbeiten.

Die Kleberhersteller sind aufgerufen, in Zusammenarbeit mit der Automobilindustrie reparaturfreundliche Klebesysteme zu entwickeln.

- Kosten

Eine geklebte Scheibe ist ca. 20% teurer. Die Hauptfaktoren sind hierbei der Keramikaufdruck und die Vorkonfektionierung.

Die genannten Vorteile rechtfertigen aber trotz Reparaturproblem und Kostenerhöhung den verstärkten Einsatz geklebter Scheiben.

3.2.2 Konstruktive Merkmale und Richtwerte einer geklebten Scheibe

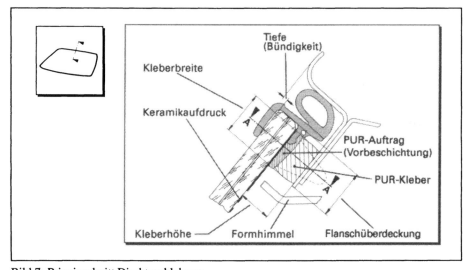

Bild 7: Prinzipschnitt Direktverklebung

- einteilige Karosserieausschnitte:

    glatte Klebeflächen, kein Verputzen, kleine Toleranzen (± 1 mm).

Glatte Flächen sind auf dem Schweißflansch erforderlich, da der PUR-Kleber Blechstöße bzw. Schweißpunktkrater nicht ausfüllt. Die dadurch entstehenden Undichtigkeiten sind sehr tückisch, da sie unter Umständen erst im Markt, also beim Kunden, auftreten.

Heutige Fahrzeuge weisen fast ausschließlich mehrteilige Ausschnitte auf, weil aus Gewichts- und Festigkeitsgründen unterschiedliche Blechdicken verbaut werden. Die Stöße der Bleche müssen vor der Lackierung mit Dichtmasse bündig verstrichen sein.

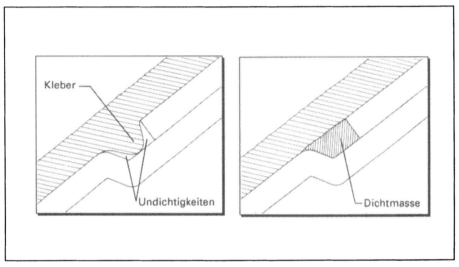

Bild 8: Schnitt A—A, Flanschstoß

- Bei allen Arbeitsgängen der Vorkonditionierung und Verklebung von Scheiben sind saubere Flächen auf Lack und Glasseite erforderlich.

- Die Überdeckung zwischen Scheibe und Flansch sollte zur Abdeckung der Toleranzen mindestens 10 mm betragen.

- Die Breite der Verklebung im verbauten Zustand liegt im Bereich von 8 bis 12 mm, um einerseits sicher abzudichten, andererseits das Ausschneiden nicht zu erschweren. Die Festigkeit der Klebeverbindung ist hierbei nicht maßbestimmend. Eine umlaufend 2 mm breite Verklebung genügt den Anforderungen an die Festigkeit des Klebeverbundes.

- Der Abstand von Scheibeninnenfläche zum Flansch, also die Kleberhöhe, sollte mindestens 6 mm betragen. Die Höhe der Klebung beeinflußt die Elastizität des Verbundes.

Die Spannungsspitzen im Glas durch Torsion der Karosserie werden abgebaut und damit ein Spannungsbruch der Innenscheibe verhindert.

- Die Tiefe der Scheibe zur Karosserieaußenfläche ergibt sich durch die Toleranzsummierung von Scheibe, Rohbau und Montage. Die Scheibe darf in der größten Abweichung von der Konstruktonslage nicht aus dem Scheibenausschnitt herausstehen, wenn nicht ein Rahmen montiert ist, der die exponierte Lage der Scheibenkante optisch kaschiert.

- Zum Schutz des Klebers vor UV-Bestrahlung ist der Keramikaufdruck oder ein schwarzer Primer (Haftvermittler zwischen Glas und Kleber) erforderlich.

Die Sicht von außen auf den unregelmäßig verquetschten Kleber und hinter die Innenverkleidungsteile wird verhindert. Der Keramikaufdruck hat den zusätzlichen Vorteil, daß er mit einer Auflösung aufgebracht werden kann. Der harte Übergang von der schwarzen Beschichtung zum durchsichtigen Glas kann hierdurch entschärft werden (Design).

3.2.3 Frontscheibe Jetta II USA

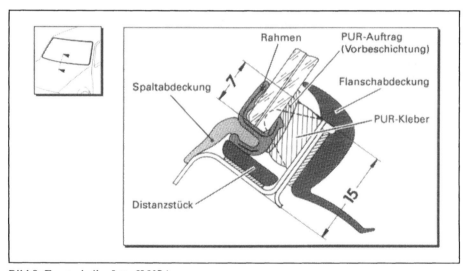

Bild 9: Frontscheibe Jetta II USA

Die erste bei VW in Wolfsburg verklebte Scheibe ist die Frontscheibe Jetta II USA.

Vorgabe für die Konstruktion war, daß Rohbau, Verkleidungen und Schalttafel unverändert vom Jetta II Europa übernommen werden.

Die Scheibe wird mit einem Rahmen eingefaßt, in den ein EPDM-Profil eingeknüpft wird. Das Profil schließt die Fuge zwischen Scheibe und Rohbau und wirkt als Toleranzausgleich. Der Rahmen wird mit dem PUR-Auftrag auf der Scheibe fixiert. Die Abdeckung des freiliegenden Flansches innen wird mit einem Klebeprofil erreicht, das auch als Tiefenanschlag bei der Montage der Scheibe wirkt. Die Flanschüberdeckung, auf eine Gummiverglasung ausgelegt, beträgt nur 7 mm (Flanschlänge 15 mm). Um dennoch die Dichtigkeit der Scheibe zu gewährleisten, wird der Rahmen bis über die Scheibenkante beschichtet. Der PUR-Kleber wird auf den Flansch der Karosserie aufgebracht.

Zur Fixierung der Scheibe bis zur Aushärtung des Klebers werden drei Distanzstücke in den Scheibenausschnitt geklebt. Das Herausschieben nach außen wird durch Spannbacken (Montagehilfe) verhindert, die an den A-Säulen gesetzt werden.

Die ersten Fahrversuche mit der geklebten Scheibe zeigten Brüche der Innenscheibe vom Rand ausgehend. Die nur 1,5 mm dicke Scheibe war den Belastungen durch Verwindung der Karosserie nicht gewachsen und mußte auf 2 mm Dicke verstärkt werden.

Zur Demontage der Scheibe wird ein Schneidedraht von außen eingelegt und die Kleberaupe durchtrennt.

Eine Direktverklebung in den Rohbau einer Gummiverglasung ist problematisch.

Die Weiterentwicklung am Passat III zeigt, daß zur Zeit bessere geklebte Systeme bei VW im Einsatz sind.

3.2.4 Front- und Heckscheibe Passat III

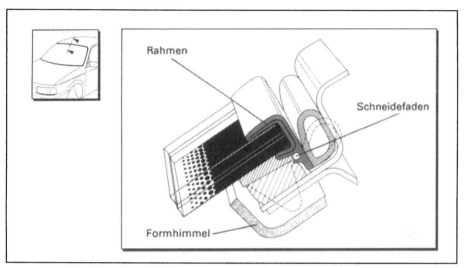

Bild 10: Frontscheibe Passat III

Die Frontscheibe am Passat III hat einen einteiligen Rahmen. Das Profil im aufgesteckten Bereich besteht aus einem PVC-ABS-Gemisch. Zur Verringerung des Schrumpfes ist eine AL-Folie eingelegt. Dieser harte Bereich beinhaltet die Aufnahme für den Schneidefaden und den Anschlag zum Karosserieflansch. Den Toleranzausgleich übernimmt ein aufgeklebtes, weiches EPDM-Schlauchprofil. Die Scheibe mittelt sich bei der Montage durch die Rückstellkräfte des Schlauches selbsttätig im Scheibenausschnitt aus. Durch das Schlauchprofil können die Biegeradien der Fenstertasche als gestalterisches Mittel eingesetzt werden (Lichtkanten um den Scheibenausschnitt). Der Schneidefaden zum Heraustrennen der Scheibe besteht aus einer Aramidfaser und hat bei einem Durchmesser von nur 1,2 mm eine Zugfestigkeit von 1.600 N. Gegenüber einem Draht hat er den Vorteil, daß beim Schneiden keine Lackbeschädigungen auftreten. Außerdem läßt er sich besser "händeln" als ein steifer Stahldraht.

Die Enden des Fadens sind so angeordnet, daß sie vom Wageninneren zugänglich sind. Dadurch gestaltet sich der Ausbau wesentlich einfacher.

Die Scheibe liegt im Nennmaß nur 1 mm tiefer als die Karosserie, also fast bündig.

Die Arbeitsgänge von der keramikbedruckten Scheibe bis zum Einbau in die Karosserie:

Konfektionieren der Scheibe:

- Rahmenmontage
- Reinigen mit Haftvermittler im Klebebereich
- Primern
- Vorbeschichten mit 1K-PUR

Produktionsablauf:

- Flanschbereich der Karosserie reinigen
- Primern
- Kleberauftrag 1K-PUR auf vorbeschichtete Scheibe
- Scheibenmontage

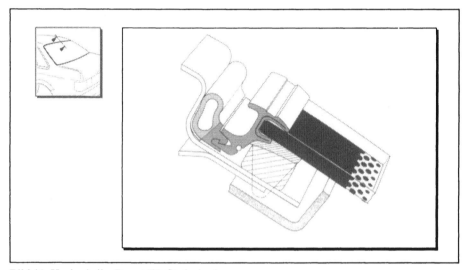

Bild 11: Heckscheibe Passat III, Stufenheck

Die Heckscheibe des Passat Stufenheck hat einen zweiteiligen Rahmen. Im Dach- und Säulenbereich bildet das Profil einen Wasserfang. Im unteren Bereich deckt eine zusätzlich eingeknüpfte Leiste den Spalt Rohbau/Rahmen ab. Die Öffnung des Wasserfangs muß immer konstant sein. Hierzu wird die Scheibe mit Distanzstücken im Wasserfang montiert.

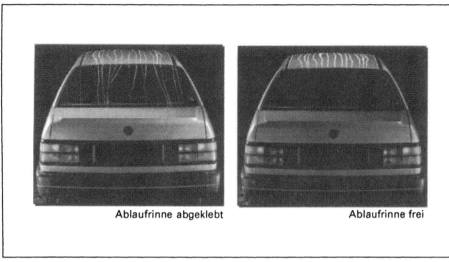

Bild 12: Passat III Stufenheck, Wasserfang

Bild 12 zeigt die Wirkung des Wasserfangs bei einem Versuch im Klimawindkanal.

3.3 Umspritzte Scheiben

3.3.1 Warum Scheiben umspritzen?

Das Umspritzen bietet die Möglichkeit, verschiedene auch in sich veränderbare Profile zu einer Scheibeneinfassung zusammenzuführen. Der Gestaltungsfreiheit sind also nur spritztechnische Grenzen gesetzt (Entformung, Materialdicken). Die Beschnittoleranzen der Scheibe werden in der Umspritzung aufgefangen. Die Befestigung ist durch das Umspritzen nicht vorgegeben. Man kann eine umspritzte Scheibe einkleben, verschrauben, verclipsen oder mit einer Wulst versehen und wie eine Gummiverglasung einbauen. Das Verschrauben oder Verclipsen ist hierbei jedoch zu favorisieren, weil die Befestigungselemente mit umspritzt werden können. Die Scheibe ist ein Modul, das am Band direkt verbaut werden kann.

3.3.2 Festes Seitenfenster Passat Variant

Bild 13: Passat III Variant, Seitenansicht

Das Erscheinungsbild der Seitenpartie Türkurbelscheibe / Seitenfenster muß einheitlich sein. Die Profile der Scheibeneinfassung sind gleich zu gestalten (Forderung von Design). Das Fahrzeug bekommt dadurch eine einheitliche, formal schlüssige Verglasung in der Seitenansicht.

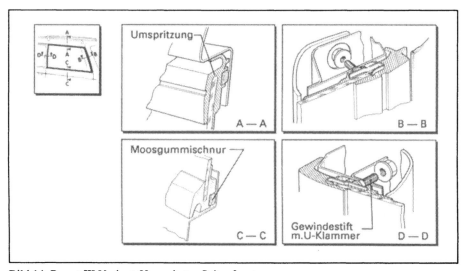

Bild 14: Passat III Variant, Umspritztes Seitenfenster

Die Einfassung der Seitenscheibe besteht aus vier unterschiedlichen Profilen. Dieses Konzept ist mit einer gerahmten oder in Gummi gefaßten Scheibe nicht zu realisieren.

Bei der Festlegung des Verfahrens wurde das Umspritzen der Scheiben mit PVC entschieden. Im Vergleich zum PUR-Umschäumen oder anderen Injektionsverfahren ist das PVC-Umspritzen ca. 25 % günstiger. Wegen der Umweltverträglichkeit von PVC wird die Umspritzung in Zukunft auf andere Werkstoffe umgestellt.

Die Scheibe wird mit der Karosserie verschraubt. Die Bolzen mit den Halteklammern werden vor dem Umspritzen auf die Scheibe gesteckt. Zur Abdichtung der Scheibe ist eine EPDM-Moosgummischnur in einen Kanal der Umspritzung eingeklebt.

Die Arbeitsgänge von der Scheibe bis zum Einbau des Scheibenmoduls:

Konfektonieren der Scheibe:

- Reinigen der Scheibe
- Auftragen des Haftvermittlers
- Aufstecken der U-Klammern mit den Gewindestiften
- Umspritzen
- Einkleben der Moosgummischnur

Montage in der Produktion:

- Verschrauben am Band.

In der Abstimmungsphase der Spritzwerkzeuge mit den Scheiben wurde sehr viel Ausschuß gefahren. Die Scheiben platzten beim Zufahren des Werkzeugs. Die Randwelligkeit der Scheiben war zu groß, so daß das Glas zwischen den Dichtflächen des Werkzeugs zerdrückt wurde. Die Welligkeit konnte erst zum Serieneinsatz reduziert werden. Für umspritzte Scheiben ist es erforderlich, die Randwelligkeit durch bessere Fertigungsverfahren zu reduzieren.

Die **Vorteile** umspritzter - gegenüber verklebter Scheiben:

- Gestaltungsfreiheit

- Weniger Arbeitsgänge am Band
  Das Reinigen und Primern der Fensterflansche sowie der Kleberbeschichtung entfällt.

- Demontage

 Die Scheibe kann nach dem Abnehmen der Innenverkleidungen schnell und ohne besonderes Know-How gewechselt werden.

- Toleranzen

 Die Beschnittoleranzen werden beim Umspritzen eliminiert.

Nachteile umspritzter - gegenüber verklebter Scheiben:

- Randwelligkeit

 Die Scheibe springt nach dem Umspritzen wieder in die alte Form zurück. Die Randwelligkeit überträgt sich auf die Umspritzung.

- Kosten

 Eine umspritzte Scheibe in der gezeigten Ausführung ist vergleichsweise teuer. Die anderen Verglasungssysteme sind aber nicht alternativ einsetzbar, da sie die Ansprüche an die Gestaltungsfreiheit nicht erfüllen.

3.4 Türkurbelscheiben

Auch bei den Türkurbelscheiben wurde konsequent in Richtung Flash-Glazing entwickelt. Der Übergang von der Frontscheibe zu den Seitenscheiben sollte stark gerundet sein. Knickkanten und Sprünge müssen bei der A-Säulen-Gestaltung für eine gute Umströmung vermieden werden.

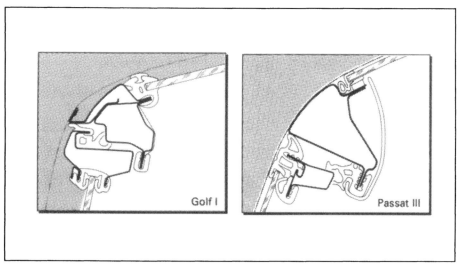

Bild 15: A-Säulenvergleich Golf I / Passat III

Der Passat Querschnitt hat im Gegensatz zum Golf I nur noch geringe Abweichungen zu der eingezeichneten idealisierten Kurve. Durch die flache Ausführung der Fensterführung, außen auf der Scheibe, ergibt sich ein Versatz von nur 3 mm.

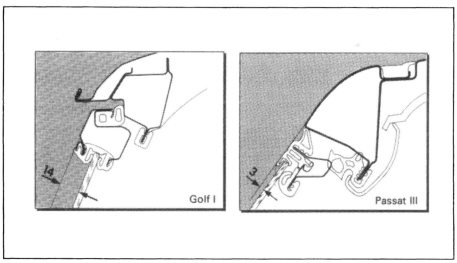

Bild 16: Türkurbelscheibe Golf I / Passat III

Die aerodynamisch gute Ausführung der A-Säulen setzt sich im Dachbereich fort.

4. Zukünftige Entwicklungen

4.1 Rahmenlos verklebte Scheiben

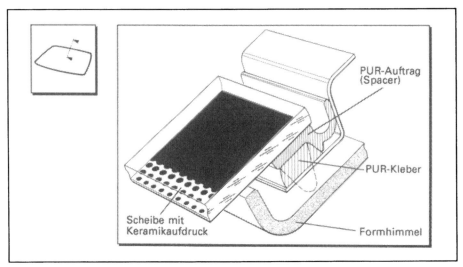

Bild 17: Rahmenlose ESG-Scheibe

Die hier vorgestellte, rahmenlose Verglasung ist zur Zeit noch nicht am Markt. Sie wird in enger Zusammenarbeit mit der Fa. Vegla vorentwickelt und ist patentrechtlich geschützt. (Patentschrift Nr. DE 37 22 657 C1)

Die feinjustierte Glaskante wird hierbei als zweites fugenbildendes Element genutzt. Der Rahmen, ein auf der Scheibe liegendes Teil, was dem bündigen Einpassen der Scheibe im Wege steht, entfällt.

Das mit Keramikaufdruck versehene Glas wird umlaufend mit einem geometrisch modifizierten PUR-Auftrag versehen.

Dieser PUR-Auftrag hat 5 Funktionen:

1. Tiefenanschlag (daher der Name "Spacer")
2. Stopkante für den Kleber
3. Haftvermittler zwischen Kleberaupe und Glas
4. Abdeckung der Fuge zwischen Glas und Karosserie
5. Die weiche Lippe ist Toleranzausgleich. Die Scheibe mittelt sich selbsttätig im Ausschnitt aus.

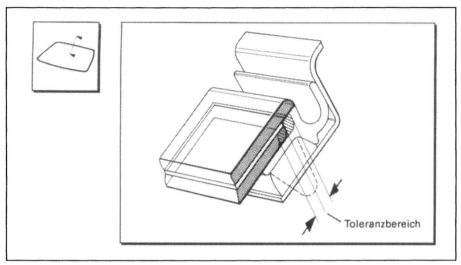

Bild 18: Rahmenlose VSG-Stufenscheibe

Die Beschichtung der Stufenscheibe ist schwieriger als die einer ESG-Scheibe. Der Spacer dichtet das Scheibenpaar ab und kaschiert die ausgetretene und teilweise verschmolzene PVB-Folie. Der Spacerquerschnitt ist durch die Beschnittoleranzen der Einzelscheiben über den Umfang nicht konstant. Das Aufbringen eines Spacers mit veränderlichem Querschnitt ist zur Zeit noch problematisch.

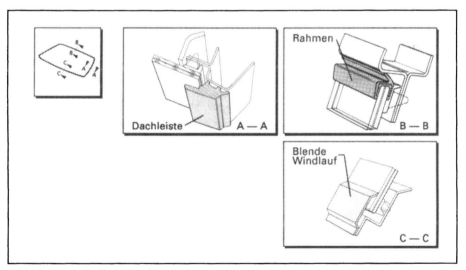

Bild 19: Frontscheibe, teilweise gerahmt

Bis zur Lösung dieses Problems ist eine Variante vorstellbar, die nur im Dachbereich einen Rahmen aufweist. Die Versiegelung des Scheibenpaares gegen eindringende Feuchtigkeit ist nur dann erforderlich, wenn das Wasser nicht ablaufen kann. Die Glaskanten liegen im A-Säulenbereich und an der Unterkante frei, aber optisch abgedeckt unter einem Wasserfangprofil bzw. einer Blende.

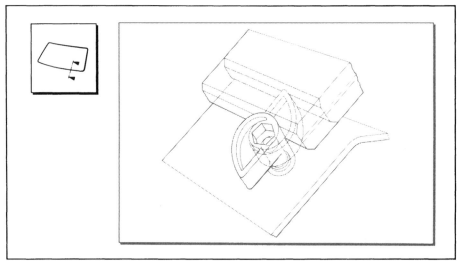

Bild 20: Exzenter Frontscheibe

Die sichtbare Fuge im Dachbereich ist über zwei Exzenter stufenlos einstellbar. Dadurch sind Maßtoleranz und Unparallelität der Fuge ausgeschlossen.

Die Exzenter sind selbsthemmend, so daß die frisch verklebte Scheibe nicht wieder zurükkrutscht.

Die rahmenlose Verklebung von Scheiben ist ein weiterer Schritt in Richtung Flash-Glazing. Durch die offenliegenden Glaskanten werden die Toleranzen optisch auffälliger.

5. Schlußbetrachtung

Der Überblick zeigt, daß die Anforderungen an das Glas im Karosseriebau heute befriedigend erfüllt werden können. Für zukünftige Entwicklungen werden höhere Maßstäbe hinsichtlich Toleranzen, Gestaltungsfreiheit und Formtreue angesetzt.

5.1 Toleranzen

Das Toleranzproblem im Zusammenbau Scheiben/Karosserie verschärft sich mit flächenbündiger und formal komplizierter Verglasung. Insbesondere bei rahmenlosen Scheiben werden kleine Abweichungen sofort sichtbar. Will man in Zukunft weiter in Richtung Flash-Glazing entwickeln, müssen die Toleranzen reduziert werden.

Der heute unbefriedigende Ist-Stand stellt sich wie folgt dar:

Glas:

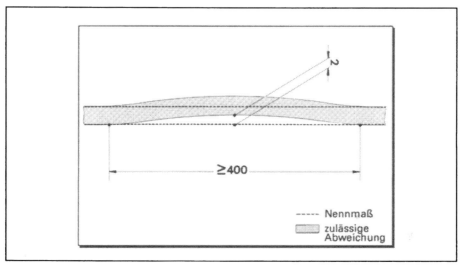

Bild 21: Randwelligkeit

- Randwelligkeit
  Die Scheibe darf im Randbereich auf der Lehre 3 mm Luft in einem Abstand größer 400 mm haben. Dieses Maß ist inzwischen von der Glasindustrie auf 2 mm reduziert worden.

- Beschnitt
  Die Scheibe darf gegenüber dem Zeichnungsmaß umlaufend 0,75 mm größer bzw. kleiner sein.

- Querbiegung

Die Abweichung der Querbiegung über Mitte Wagen wird für jede Scheibe je nach Herstellbarkeit der Biegung mit dem Glashersteller abgestimmt. Die Toleranz beträgt etwa - 5 mm bei VSG-Scheiben und ±2,5 mm bei ESG-Scheiben. Diese Toleranzen sind bei Querbiegungen von 5 bis 20 mm zu groß und für zukünftige Entwicklungen nicht tragbar.

Rohbau:

- Scheibenausschnitt

Bei mehrteiligen Ausschnitten ±1,5 mm umlaufend, d. h. die Stichmaßtoleranz beträgt ±3 mm.

- Formabweichung

Die 3-D-Linien des Scheibenausschnitts und des Flansches sind mit ±0,5 mm bei gleich bleibendem Kurvenverlauf toleriert.

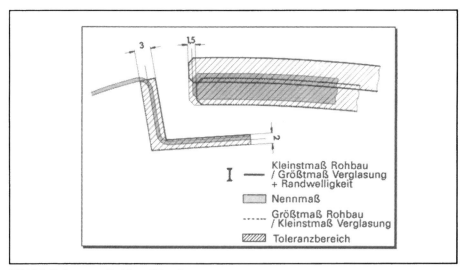

Bild 22: Toleranzen Rohbau / Verglasung

Bild 22 zeigt die möglichen Einbausituationen bei Toleranzsummierung. Die Situation I ist hierbei besonders kritisch. Die exponierte Lage der Scheibe setzt sich zusammen aus 2 mm Randwelligkeit der Scheibe und 1 mm verringerter Taschentiefe. Die Fugentoleranz von 2,25 mm entsteht durch 1,5 mm Rohbau und 0,75 mm Scheibe. Diese Werte ergeben sich bei einer exakt im Scheibenausschnitt vermittelten Scheibe, d. h. sie können sich durch Montagefehler noch erhöhen.

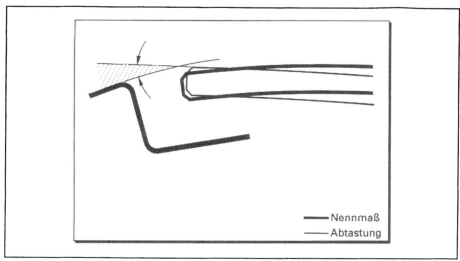

Bild 23: Biegung im Randbereich

In Bild 23 ist die Abweichung der Biegung im Randbereich dargestellt. Es handelt sich hier um die Abtastung einer auf der Lehre i.O. bemusterten Frontscheibe. Bedingt durch das Horizontal-Biegeverfahren der VSG-Scheiben hat der Randbereich kaum Krümmung, so daß sich ein Knick zum Strak der Karosserie ergibt.

Um in Zukunft diese Formabweichungen auch in der Serie meßtechnisch erfassen und beurteilen zu können, ist es notwendig, Toleranzflächen bei den Scheiben zu definieren. In dem vorgegebenen dreidimensionalen Toleranzraum müssen sich die Meßdaten der produzierten Scheibe bewegen. Für die Meßtechnik bedeutet das: Weg von der Lehre hin zu optischen Meßverfahren, Generieren einer Meßfläche und Soll-Ist-Vergleich im Rechner.

Die z.Z. gültigen Toleranzen müssen weiter eingeschränkt werden. Die Glasindustrie ist aufgerufen, durch bessere Herstellverfahren die genannten Toleranzen auf ein vertretbares Maß zu reduzieren und die Formtreue auch kompliziert gebogener Scheiben zu verbessern.

Als Zielwerte sollen angestrebt werden:
Glas:
Randwelligkeit: 1 mm
Beschnitt: 0,5 mm für rahmenlose Scheiben
Querbiegung: ±1,5 mm
Karosserie:
Scheibenausschnitt: mehrteilig ±1 mm

5.2 Schlußwort

Bis zur Verwirklichung eines Serienfahrzeuges ähnlich der Zukunftsstudie in Bild 1 besteht auf dem Bereich der Karosserieverglasung großer Entwicklungsbedarf. Die formale Weiterentwicklung heutiger Fahrzeuge geht nur über eine flächenbündige, kompliziert gebogene Verglasung.

Deshalb sind wir als technische Entwickler der Automobil- und Zulieferindustrie gefordert, heutige Probleme zu lösen sowie innovative Techniken zu entwickeln und für die Großserie umzusetzen.

Gesamtsysteme für Klebertechnik 1 K-, 2 K einschließlich Vorbehandlung von Glas und Karosserien

M. Hermann / M. Rieder

Rückblick

Die Entwicklungsgeschichte der Direktverglasung beginnt Anfang der 60er Jahre in den USA. 1963 wurden erstmals bei General Motors Frontscheiben direkt in die Karosserie eingeklebt. Der ursprüngliche Grund dafür war, daß die großen Panoramascheiben von den Gummirahmen nicht mehr ausreichend fest in der Karosse gehalten werden konnten. Später gaben Sicherheitsbestimmungen den Ausschlag Scheiben zu verkleben: Um mehr Sicherheit für Fahrer und Fahrgast zu gewährleisten, wurde auf Initiative von Konsumenten-Organisationen in den USA ein spezifischer Test entwickelt, nämlich die MVSS 212 (MVSS steht für Motor Vehicle Safety Standards). Gemäß dem MVSS 212-Test müssen nach einem Frontalaufprall des Autos gegen eine Betonwand mit 30 mph mindestens 75 % des Scheibenumfanges fest mit der Karosserie verbunden sein.

In Europa wurde Ende der 60er Jahre damit begonnen, Frontscheiben von Exportfahrzeugen für die USA direkt zu verkleben. Dadurch konnten die erwähnten US-Sicherheitsvorschriften erfüllt werden. Einem durchschlagenden Erfolg standen seinerzeit aber noch die höheren Kosten des Klebeverfahrens entgegen im Vergleich zur konventionellen Rahmentechnik. Erst durch die Ölkrise in den 70er Jahren und die damit verbundene Kraftstoffverteuerung traten cw-Wert-Optimierung, d. h. unter anderem auch strömungsgünstige Übergänge Glas Karosserie und Gewichtseinsparungen verstärkt in den Vordergrund. Im Bereich der Scheibenmontage konnte hierzu nur die Klebetechnik erhebliche Beiträge leisten.

Durchbruch der Glas-Klebetechnik

1976 ist aus der Sicht des Verfassers das Jahr des Durchbruchs der Scheibenklebetechnik in der europäischen Automobilindustrie, denn Audi begann beim Typ C2 (Audi 100) alle feststehenden Scheiben mit einer Polyurethan-Klebedichtungsmasse einzukleben. Von der Fachwelt weniger bemerkt, hatte bereits 3 Jahre zuvor die Firma Auwärter im Busbau die Glas-Klebetechnik als erster Hersteller im vollen Umfang eingeführt. Mittlerweile liegt der Anteil geklebter Scheiben in der europäischen Automobilproduktion bei etwa 50 %. Mitte der 90er Jahre werden über 90 % aller in Europa gefertigten Fahrzeuge direkt verklebt sein.

Vorteile der Klebetechnik

Ausschlaggebend für diesen Erfolg sind primär die hervorragenden Eigenschaften der hierfür eingesetzten Polyurethan-Klebedichtungsmassen: eine Kombination von hoher Festigkeit mit relativ hoher Elastizität und guter Alterungsbeständigkeit. Die hochentwickelte Dosier- und Auftragstechnik unter Einsatz koordinaten-gesteuerter Roboter erlaubt eine volle Automatisation des Montageprozesses. Die Direktverklebung, auch "Directglazing" genannt, bietet vergleichend zur alt hergebrachten Gummirahmenverglasung neben verbesserter Aerodynamik eine Reihe weiterer wichtiger Vorteile:

- Front- und Heckscheiben werden durch die Verklebung als mittragende Elemente in die Gesamtstruktur des Fahrzeuges integriert. Dadurch wird eine deutliche Stabilitätsverbesserung der Karosserie erreicht, beispielsweise wird die Torsionssteifigkeit je nach Karosserietyp um 20 % und mehr erhöht.

- Durch die Erfüllung der strengen US-Sicherheitsnormen im Scheibenbereich gewinnen die Fahrzeuge einen erheblichen Zuwachs an passiver Sicherheit.

- Die Langzeit-Dichtigkeit der Scheiben wird erreicht.

Heute werden weltweit überwiegend mit Polyurethan-Klebedichtungsmassen elastische Glas-Klebeverbindungen gefertigt. Vorteile dieser Klebetechnik zeigt Bild 1. Die für die Verklebung eingesetzten Polyurethan-Dichtungsmassen enthalten keinerlei Lösungsmittel. Dies wirkt sich insbesondere in Bezug auf die sicherheitsrelevanten Eigenschaften positiv aus (s. Bild 2).

- **Kleben und Dichten in einem Arbeitsgang möglich**
- **Ausgleich von Toleranzen**
- **schwingungs- und bewegungsausgleichend**
- **großflächige Verbindungen möglich**
- **Korrosionsverhinderung**
- **wasser- und gasdicht**
- **Verbindung unterschiedlicher Werkstoffe möglich**
- **Überbrückung unterschiedlicher Wärmeausdehnungskoeffizienten**
- **keine Fügeteilerwärmung**

Bild 1: Vorteile elastischer Klebeverbindungen

- **Es sind keine besonderen Sicherheitsmaßnahmen wegen Feuergefährlichkeit erforderlich**
- **Die Umwelt wird durch Lösungsmittel nicht belastet**
- **Lösemittel können in der Verklebung nicht eingeschlossen werden**
- **Einseitiger Auftrag des Klebematerials ist ausreichend**

Bild 2: Vorteile lösungsmittelfreier PUR-Dichtungsmassen

Vorbehandlung der Klebeflächen

Bei der Direktverglasung mit Polyurethan-Dichtungsmassen ist die richtige Oberflächenvorbehandlung mit entscheidend für die Güte der Verklebung. Dem Reinigen kommt dabei eine besondere Bedeutung zu. Generell kann gesagt werden, daß der Klebstoff nur dann optimal haftet, wenn die Substratoberflächen sauber sind. Die meisten heute in der Praxis verwendeten Mittel zur Reinigung der Glasscheibe enthalten nicht nur das für den Reinigungsprozeß erforderliche Lösungsmittel, sondern gleichzeitig sogenannte Aktivatoren, beispielsweise Silane, die die Oberfläche für die nachfolgenden Arbeitsschritte aktivieren. Es handelt sich also um Reinigungsmittel mit integrierter Haftvermittlung. Sie werden daher auch vielfach als Wipe bezeichnet. Nach der Reinigung bzw. Aktivierung wird in den meisten Fällen im zweiten Arbeitsgang ein Primer auf die zu verklebenden Teile aufgetragen. Primer sind Haftvermittler und übernehmen die Verbindung zwischen gereinigter bzw. voraktivierter Oberfläche und der Klebedichtungsmasse. Glasseitig schützen Primer, die eine schwarze, deckende Farbe aufweisen, gleichzeitig die Klebedichtungsmasse vor der UV-Strahlung aus dem Sonnenlicht. Die wesentlichen Bestandteile des Primers zeigt Bild 3.

- **filmbildendes, vernetzendes Polymer**
- **haftvermittelnde Zusätze (speziell beim Glasprimer)**
- **Pigmente**
- **Prozeßhilfsmittel**
- **Lösungsmittel**

Bild 3: Wesentliche Bestandteile des Primers

Durch Lösungsmittelverflüchtigung bilden Primer auf der Substratoberfläche rasch einen Film. Mit der Luftfeuchtigkeit erfolgt anschließend die eigentliche Aushärtung des Polymers. Der Einsatz von Wipe und Primer ist substratspezifisch, d. h. für jeden zu verklebenden Werkstofftyp entscheidet die richtige Auswahl von Wipe und Primer mit über die Güte der Verklebung. Die Applikation von Wipe und Primer ist in der Autoindustrie weitgehend automatisiert. Der Auftrag erfolgt durch Sprühen oder mittels austauschbaren Filzapplikatoren.

1- und 2-komponentige Klebedichtungsmassen

Für die Verklebung stehen heute Klebedichtungsmassen auf 1-komponentiger und 2-komponentiger Basis zur Verfügung.

1K-Klebedichtungsmassen haben bis heute die größte Einsatzdichte gefunden. Sie stehen in verschiedenen Viskositätseinstellungen bereit. Die physikalisch-chemischen Eigenschaften eines modernen 1K-Polyurethans zeigt Bild 4.

Dichte	1,25 g/cm³ bei 23 °C
Flammpunkt	>150 °C Cleveland o. T.
Extrusionsviskosität (Ballan 4 mm Düse, 4 bar)	12 - 20 g/min bei 23 °C
Standfestigkeit	sehr gut, nicht verlaufend
Verarbeitungstemperatur	10 - 40 °C
Verarbeitungszeit	15 min bei 23 °C/50 % r. F.
Hautbildungszeit	ca. 30 min bei 23 °C/50 % r. F.
Durchhärtungsgeschwindigkeit	> 4 mm in den ersten 48 h/23 °C/50 % r. F.
Zugscherfestigkeit	ca. 5 N/mm²
Zugfestigkeit	ca. 6 N/mm²
Bruchdehnung	> 500 %
Rückstellvermögen	ca. 99 %
Härte Shore A	ca. 55
Temperaturbeständigkeit	-70 bis 100 °C, kurzzeitig bis 140 °C

Bild 4: Physikalisch-chemische Eigenschaften 1K-PUR

1K-Klebedichtungsmassen härten mit der Luftfeuchtigkeit aus. Gerade diese Aushärtung mit der Luftfeuchtigkeit hat in bestimmten Fällen die Grenzen dieser Produkte aufgezeigt. Vernetzung durch die Luftfeuchtigkeit bedeutet, daß die Durchhärtung in starkem Maße von der relativen Feuchtigkeit der Umgebung abhängt, oder anders ausgedrückt: die Härtungsgeschwindigkeit ist stark abhängig vom jeweiligen Klima. In nordischen Ländern beispielsweise kann die relative Feuchtigkeit in Fabrikhallen bis auf unter 20 % absinken. Die daraus resultierende Verzögerung der Aushärtung (Bild 5) kann den Anwender vor Probleme stellen.

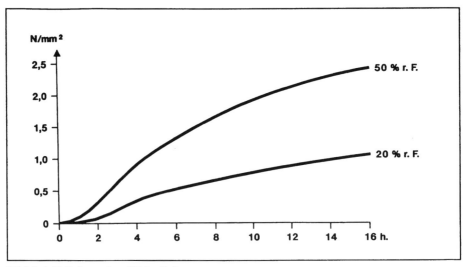

Bild 5: 1-K-Polyurethan-Klebedichtungsmasse
Festigkeitsaufbau bei unterschiedlichen Feuchtebedingungen – Zugscherprüfung (23°C)

Die Klebstoffindustrie war daher gefordert, von diesen Parametern unabhängig aushärtende Klebedichtungsmassen zu entwickeln. Diese Forderung der Industrie ist seit 1985 durch ein neu entwickeltes 2K-System erfüllt worden. Diese 2K-Klebedichtungsmasse härtet chemisch aus, d. h. unabhängig von den jeweiligen Umgebungsbedingungen. Ein zweiter positiver Effekt ist die deutlich schnellere Durchhärtung dieses Systems. In der Praxis wird eine schnellere Beanspruchbarkeit der Scheibe nach der Montage ermöglicht (insbesondere bei stark senkrecht stehenden Scheiben, bei drehenden Karosserien und bei der Scheibenverklebung in Heckklappen).

Ein weiterer Vorzug der heute meist verbreiteten 2K-Klebedichtungsmasse besteht darin, daß die Komponente A nichts anderes als die auch allein zu verwendende 1K-Klebedichtungsmasse ist. Nur die Komponente B ist ein spezieller Beschleuniger. Sie beschleunigt die Komponente A in der Aushärtung unabhängig von der umgebenden Luftfeuchte. Ein entscheidender weiterer Vorteil dieses 2K-Systems ist das über einen großen Bereich einzustellende variable Mischungsverhältnis, ohne daß dadurch die Endeigenschaften der Verklebung beeinflußt werden. Dadurch bietet sich dem Anwender die Möglichkeit, offene Zeit und Aushärtungsgeschwindigkeit den jeweiligen individuellen Anforderungen des Montageprozesses anzupassen. Je nach Einstellung des Mischverhältnisses und der Klebstofftemperatur werden die verklebten Bauteile bereits nach wenigen Minuten selbst tragend. Bild 6 zeigt den Festigkeitsaufbau eines modernen 2K-PUR's in den ersten 60 Minuten. Mit einem Mischverhältnis der Komponenten A : B = 10 : 7 wird der schnellstmögliche Haftaufbau erzielt: Nach einer Aushärtezeit von 30 Minuten wird bereits eine Zugscherfestigkeit von

0,16 N/mm² gemessen. Der vergleichbare Wert der konventionellen 1K-Klebedichtungsmasse liegt nach dieser Zeit etwa eine Zehnerpotenz niedriger. Durch Variation des Mischverhältnisses der Komponenten A und B, beispielsweise zwischen 10 : 7 und 10 : 10, kann die gewünschte Anfangsfestigkeit und Offenzeit eingestellt werden. Die Offenzeit wird in dem angegebenen Mischbereich mit steigendem Anteil der B-Komponente länger. Sie liegt zwischen 8 und 20 Minuten. Die mechanischen Endeigenschaften der ausgehärteten Klebefuge werden durch das gewählte Mischverhältnis nicht beeinflußt. Bei der Messung der Zugscherfestigkeit werden mit über 5 N/mm² Werte analog den konventionellen 1K-Klebedichtungsmassen gefunden.

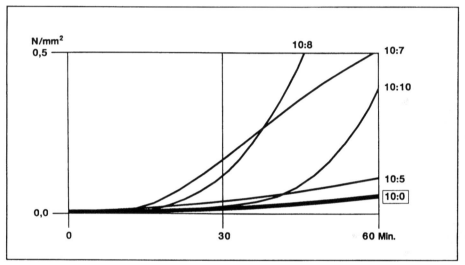

Bild 6 2-K-Polyurethan-Klebedichtungsmasse schnellhärtend
Anfangsfestigkeit - Zugscherprüfung (23 °C/50 % r.F.)

2K-Polyurethandichtungsmassen können auch in Mischbauweise eingesetzt werden. D. h., verschiedene Bauteilgruppen können im Prinzip 1- und 2-komponentig verklebt werden.

Die Verarbeitung dieser 2K-Polyurethane ist wirtschaftlich und umweltgerecht. Das Mischaggregat wird nicht wie üblich mit Lösungsmittel gespült, sondern direkt mit der Komponente A, also dem 1K-Klebstoff. Da dieses Spülmittel als eigenständiger Kleber auch mit der Luftfeuchtigkeit aushärtet, entsteht durch den Spülvorgang kein Materialverlust. Bild 7 zeigt schematisch dieses Verfahren anhand einer Scheibe. Der Auftrag erfolgt mit Komponente A unter gleichzeitigem Zudosieren von Komponente B, bis der Mischer gleichmäßig mit der richtigen A/B-Mischung gefüllt ist. Da - wie bereits erwähnt - die A-Komponente sich nach der Aushärtung faktisch nicht mehr von A/B-Mischung unterscheidet, beeinträchtigt dieses Vorgehen in keiner Weise die Endfestigkeit der Klebeverbindung.

Für den automatischen Auftrag steht dem Anwender mit dem dynamischen **Mischverfahren** ein über Jahre erprobtes System zur Verfügung.

Der applikationstechnisch etwas aufwendige Prozeß ist heute bereits Stand der Technik geworden.

Dies ist nicht zuletzt auch den innovativen Herstellern von Applikationsgeräten zu verdanken, die erst einmal vollkommen neue Dosier- und Mischkomponenten entwickeln mußten.

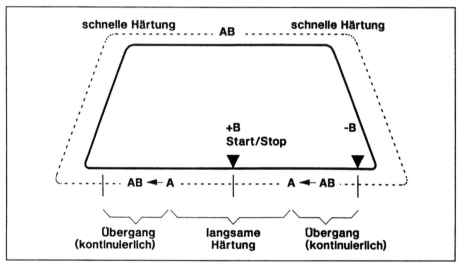

Bild 7: Auftragsverfahren
2-K-Polyurethan-Klebedichtungsmasse schnellhärtend

Klebestoffanforderungsprofil und erwartetes Qualitätsniveau

Klebedichtungsmassen für das "Direct-glazing" müssen die Qualitätsanforderungen erfüllen, die in den Spezifikationen der technischen Lieferbedingungen jedes Automobilherstellers aufgeführt sind. Bild 8 zeigt eine Auswahl der wichtigsten Kenndaten und Prüfverfahren, nach denen die Klebstoffe spezifiziert sind.

- ● Aufbau des Klebeverbundes
- ● Lagerfähigkeit
- ● Anwendbarkeit im Reparaturfall
- ● Physikalisch-chemische Eigenschaften der ausgehärteten Klebedichtungsmassen
  - ◆ Shorehärte
  - ◆ Zugfestigkeit
  - ◆ Weiterreißfestigkeit
  - ◆ Wärmebeständigkeit
  - ◆ chemische Beständigkeit
  - ◆ Bruchdehnung/Rückstellvermögen
- ● Physikalisch-chemische Eigenschaften der nicht ausgehärteten Klebedichtungsmassen
  - ◆ Dichte
  - ◆ Flammpunkt
  - ◆ Viskosität
  - ◆ Standfestigkeit
  - ◆ Verarbeitungszeit
  - ◆ Hautbildungszeit
  - ◆ Durchhärtungsgeschwindigkeit
- ● Physikalisch-chemische Eigenschaften der ausgehärteten Klebedichtungsmassen im Substratverbund
  - ◆ Zugscherfestigkeit
  - ◆ Haftungsprüfung mit Bruchbildbeurteilung (adhäsiv-kohäsiv)
    - jeweils auch unter klimatischen Belastungen (Wärme, Kälte, Cataplasma, WOM)

Bild 8: Klebestoffspezifikation

Nur wenn alle in den Spezifikationen des Automobilherstellers gestellten Anforderungen von dem Klebstoff erfüllt werden, ist eine Freigabe für den Linieneinsatz gegeben.

Für die Gewährleistung einer gleichbleibenden Lieferqualität des Klebedichtungssystems an die Verwender kommt der Qualitätssicherung durch den Klebstoffhersteller eine besondere Bedeutung zu. Die Qualitätssicherung muß bereits bei Forschung und Entwicklung einsetzen und begleitet das erarbeitete Lösungskonzept vom Einkauf der Rohstoffe bis hin zur Applikation beim Kunden. Um eine gleichbleibende Qualität zu garantieren, reichen Stichproben von Produkten nicht mehr aus. Ein umfassendes Qualitätssicherungssystem sollte folgende Punkte umfassen:

- Kontrolle der Qualität der eingekauften Produkte (Rohstoffe)

- Feststellung etwaiger Abweichungen von geforderten Qualitätsmerkmalen während der Produktherstellung durch komplett kontrollierte Produktionsabläufe

- Permanente Sicherstellung der zugesagten Lieferqualität

- Dokumentation aller QS-Werte

Für die Qualitätskontrolle müssen modernste Prüf- und Messgeräte eingesetzt werden, wie z. B.:

- Rechnergestützte Zug- /Druckmessung
- Hydropuls für dynamische Dauerfestigkeitsmessung
- Rheologiemessgeräte
- Thermomechanische Analysenmessgeräte etc.

Ein weiteres wichtiges Glied in dieser Qualitätsverantwortung ist der Informationsaustausch zwischen dem Klebstoffhersteller und den jeweiligen Abnehmern: Regelmäßige interne und externe Audits sichern die Konstanz der gelieferten Produkte und deren perfekten Einsatz.

Diese enormen Aufwendungen der Klebstoffhersteller werden zunehmend auch anerkannt. So verleiht zum Beispiel die Firma Ford, die für ihr Qualitätssicherungssystem hohe Anerkennung gewinnt, jährlich eine Auszeichnung für ihre besten Lieferanten.

Vereinfachung des Klebeprozesses

Ziel der Klebstoffhersteller ist aber auch, die Klebeprozesse zu vereinfachen. Damit ist der Trend zur sogenannten primerlosen Verklebung von Glas- bzw. Keramiksiebdruck mit der lackierten Karosserie angesprochen (s. Bild 9).

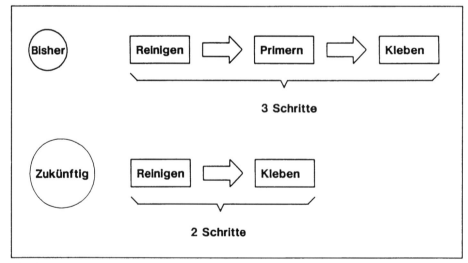

Bild 9: Vorbehandlungsschritte

Bei der primerlosen Verklebung der Glasscheibe muß der Keramiksiebdruck die Klebeverbindung vor dem schädlichen UV-Licht schützen. Gleichzeitig dient der Keramiksiebdruck als Stylingelement. Heutige Polyurethan-Klebedichtungsmassen sind nicht UV-stabil und werden durch den UV-Anteil des Lichtes geschädigt. Diese Schädigung zeigt sich durch einen fortschreitenden Abbau der Festigkeits- und Hafteigenschaften der Klebeverbindung zur Scheibe hin. Daher kommt beim Weglassen des schwarzen Glasprimers der Qualität des Keramiksiebdrucks besondere Bedeutung zu. Unter Qualität versteht der Klebstoffhersteller dabei in erster Linie den Grad der Lichtdurchlässigkeit. Diese Lichtdurchlässigkeit wird durch Messung der Transmission bestimmt. Unter Transmission versteht man dabei das Verhältnis von austretender zu eintretender Strahlung durch ein Material. Die Transmission kann entweder über das gesamte Spektrum oder bei einer bestimmten Wellenlänge bzw. in einem definierten Wellenlängenbereich gemessen werden. Die Intensität des auf die Klebergrenzschicht auftreffenden Lichts wird durch die Durchlässigkeit bzw. Transmission des Systems Glas (ESG oder VSG) und Keramiksiebdruck bestimmt. Im Weather-O-Meter (WOM) und Floridatest hat sich gezeigt, daß bei einer Transmission des Systems Glas und Keramiksiebdruck von unter 0,02 %, gemessen bei 334 nm, eine mindestens 10-jährige Lebensdauer der Verklebung gewährleistet ist. Die Transmission wurde hierbei im Bereich von 330 - 340 nm spezifiziert, da erfahrungsgemäß in diesem Wellenlängenbereich die verwendeten PUR-Klebedichtungsmassen am stärksten geschädigt werden. Untersuchungen haben gezeigt, daß die für die Scheibenverklebung eingesetzten PUR-Massen nahezu gleich empfindlich auf UV-Strahlung reagieren. Einer optimalen Aktivierung des Keramiksiebdrucks im Rahmen des Reinigungsprozesses kommt bei der primerlosen Verklebung besondere Bedeutung zu. Weiterhin ist eine Abprüfung der Keramiksiebdruckqualität auf die Haftverträglichkeit mit der jeweiligen Klebedichtungsmasse erforderlich.

Bei der primerlosen Verklebung mit der Karosserie muß die Kompatibilität der Klebedichtungsmasse mit dem Uni-Decklack bzw. Klarlack bei Metalliclackierung gegeben sein. Die Güte der Verklebung ist dabei abhängig von der jeweiligen Lackzusammensetzung und den verwendeten Additiven. Bestimmte Additive bilden auf der Oberfläche hydrophobe Schichten aus. Derartige Oberflächen werden von Polyurethan-Klebstoffen nicht mehr optimal benetzt. Die Folge ist eine deutliche Reduzierung der Klebefestigkeit. Daher ist es gerade auf Lackoberflächen unerlässlich, Vorversuche mit den Klebstoffen durchzuführen. Den Einfluß von Lackadditiven zeigt Bild 10 am Beispiel eines Lackverlaufsmittels. Gemeint ist hierbei auch die nachträgliche Zugabe des Additivs durch den Automobilhersteller, um beispielsweise Korrekturen an der Linie durchzuführen. Während das Additiv in Lack 1 das Haftvermögen des Klebstoffes nicht beeinflußt, wird die Haftung der Klebedichtungsmasse durch das gleiche Additiv in einem Lack anderer Provinienz (Lack 2) um über 25 % herabgesetzt. Bei der primerlosen Verklebung ist es daher unbedingt empfehlenswert, die Wirkung der Additive in den verwendeten Serienlacken abzuprüfen. Einige tausend Haftuntersuchungen an unterschiedlichsten Lacktypen haben gezeigt, daß die Haftung des Klebstoffs häufig erst durch das Zusammenwirken und Reagieren einzelner Bestandteile im Lack nachteilig beeinflußt wird.

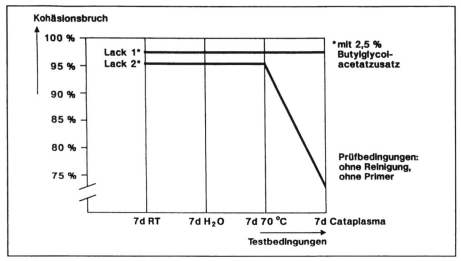

Bild 10: Einfluß der nachträglichen Zugabe eines Lackadditivs

Aufgrund der geschilderten Problematik ist eine enge Zusammenarbeit zwischen Lackhersteller, Klebstofflieferant und dem Verwender unerläßlich, um bereits bei der Entwicklung und Herstellung der Lacke die Kompatibilität mit dem jeweiligen Klebedichtungssystem zu gewährleisten. Eine einfache, aber kostenintensive Alternative stellt das Kleben auf den Füllgrund dar, d. h. vor Aufbringen des Deck- bzw. Klarlacks wird der Flansch mit einem Klebeband abgedeckt. Unmittelbar vor der Verklebung wird das Abdeckband entfernt, d. h., eine Vorreinigung mit entsprechenden Reinigungsmitteln ist nicht mehr erforderlich. Voraussetzung dafür ist aber auch, daß das Klebeband keinerlei Rückstände auf dem Füllergrund hinterläßt. Vorteile beim Kleben auf Füller sind in erster Linie darin zusehen, daß die Anzahl der Füllgrundtypen begrenzt ist; Deck- bzw. Klarlacke sind beliebig austauschbar, zeitaufwendige Abprüfung auf die Haftfreundlichkeit können meist entfallen. Besondere Beachtung kommt bei dieser Verklebungsart dem Thema Korrosion zu.

Vor der Überleitung zu dem Punkt "Scheibenreparatur" soll das Thema "Vorbeschichtung" und "JIT" besprochen werden.

Vorbeschichtung von Scheiben

Unter "Vorbeschichtung" versteht man die Anlieferung von Scheiben, die bereits durch den Zulieferanten mit Klebstoff vorbeschichtet wurden. Beim Einbau der Scheibe in das Fahrzeug wird bei der Montage nur noch eine Montageraupe auf die ausgehärtete Vorbeschichtung aufgelegt. Wichtig ist, daß das Vorbeschichtungssystem mit dem Montage-Klebstoff kompatibel ist.

Wesentliche Vorteile der vorbeschichteten Scheiben für den Verwender sind:

- Entfall von Glasreiniger (Wipe) und Glasprimer, dadurch
  - keine Entsorgung des Restmaterials und
  - geringe Kosten in der Materialwirtschaft.

- Entfall der Arbeitsvorgänge Reinigung und Glasprimerauftrag, dadurch
  - Eliminierung von möglichen Prozeßfehlern (Qualitätsverbesserung)
  - Einsparung von Fertigungszeit.

JIT-Anlieferung vorbeschichteter Scheiben

Ein noch weitergehender Schritt ist die Just-in-time-Anlieferung, abgekürzt "JIT" genannt.

Unter dem JIT-Lieferkonzept versteht man die Anlieferung der fertig beschichteten Scheibe ohne Zwischenlagerung direkt an das Montageband des Automobilherstellers. Die Vorbehandlung der Scheibe für den Einbau, d. h. Reiniger-, Primer- und Kleberauftrag erfolgt durch den Zulieferanten, der zweckmässigerweise seinen Sitz in der Nähe des Automobilherstellers hat. Die angelieferte Scheibe, deren Frequenz durch die Bandfertigung der Autos genau vorgegeben ist, kann im Gegensatz zur vorbeschichteten Scheibe ohne weiteren Arbeitsschritt direkt eingebaut werden; jegliche Vorbehandlungen im Zusammenhang mit der Verklebung entfallen.

Im Rahmen des JIT-Konzeptes muß der Klebstoff besondere Ansprüche erfüllen: gefordert sind lange Offenzeiten und eine schnelle Aushärtung mit möglichst genau festgelegtem Härtebeginn. Weiterhin muß er die Möglichkeit bieten, die Verarbeitungszeit flexibel den Anforderungen anzupassen. Ferner sind Temperatureinflüsse zu berücksichtigen. Eine speziell für diese Verarbeitungsform entwickelte 2K-Klebedichtungsmasse wird in Bild 11 dargestellt.

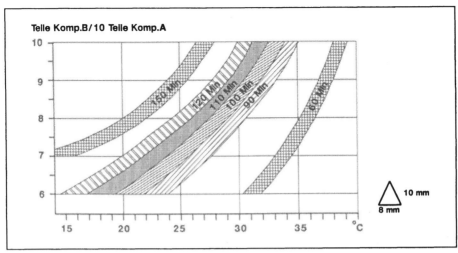

Bild 11: 2-K-Polyurethan-Klebedichtungsmasse mit einstellbarer Offenzeit
Verarbeitungszeit einer Dreiecksraupe

Dieser Kleber bietet die Möglichkeit, über die Einstellung des Mischverhältnisses die Einflüsse der Arbeitstemperatur auszugleichen und so die maximale offene Zeit (Verarbeitungszeit) zwischen 90 und 150 Minuten einzustellen. Auch wenn aus Produktionsgründen unterschiedliche Verarbeitungszeiten vorgegeben sind, können diese durch verschiedene Mischungsverhältnisse definiert werden. Die Anfangsfestigkeit dieser Klebstofftype in Abhängigkeit des Mischverhältnisses zeigt Bild 12.

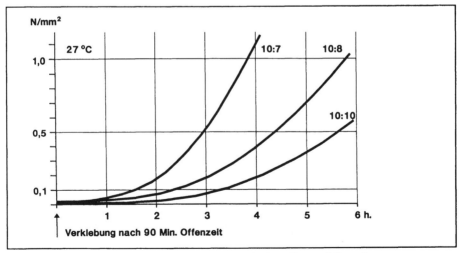

Bild 12: 2-K-Polyurethan-Klebedichtungsmasse mit einstellbarer Offenzeit
Anfangsfestigkeiten - Zugscherprüfung

Reparatur eingeklebter Scheiben

Beim Fahrzeughersteller werden im allgemeinen die Scheiben erst zwei bis drei Stunden nach dem Einkleben stärker beansprucht. Im Reparaturfall ist die Situation ganz anders. Der Kunde möchte möglichst rasch nach der Reparatur wieder wegfahren. Dieser Wunsch führte zur Entwicklung eines neuen Reparatursystems auf der Basis einer 2K-PUR-Klebedichtungsmasse, die derzeit mit großem Erfolg im europäischen Reparaturmarkt eingeführt wird. Bild 13 zeigt eine eigens für diese Anwendung entwickelte Handmischpistole, die elektrisch betrieben wird. Dieses Gerät wird mit einem Klebe-Set bestückt, das aus je einer Kartusche Komponente A und Komponente B sowie einem Einwegmischer besteht. Die beiden Komponenten werden im konstanten Verhältnis von 1 : 1 homogen gemischt und ausgetragen. Bereits 30 Minuten nach dem Scheibeneinbau ist - unabhängig von der Luftfeuchtigkeit - die Festigkeit soweit ausreichend, daß das Fahrzeug wieder bewegt werden kann. Der Festigkeitsaufbau, nachvollzogen durch die Messung der Zugscherfestigkeit, ist aus Bild 14 ersichtlich.

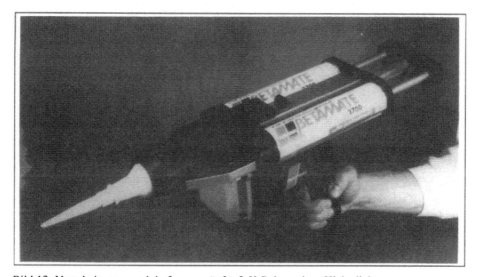

Bild 13: Verarbeitungs- und Auftragsgerät für 2-K-Polyurethan-Klebedichtungsmassen

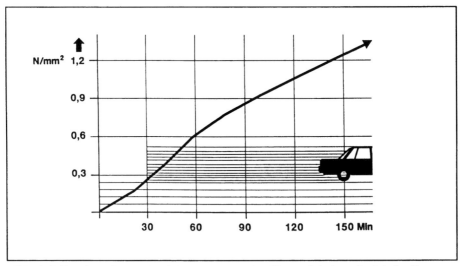

Bild 14: 2-K-Polyurethan-Klebedichtungsmasse schnellhärtend Anfangsfestigkeit - Zugscherprüfung (23 °C/50 % r.F.)

MIRA, ein unabhängiges Prüfinstitut der internationalen Automobilindustrie, hat dieses Reparatur-System auf Sicherheit geprüft. Im Crash-Test, auf der Rüttelpiste und im Windkanal erfüllte das Produkt bereits nach 30 Minuten alle Anforderungen an die **Betriebssicherheit des reparierten Fahrzeugs**.

Für weniger eilige Reparaturen stehen Reparaturklebstoffe auf Basis der 1K-PU-Klebstoffe zur Verfügung. Diese benötigen jedoch, je nach Herstellervorschrift, 3 bis 12 **Stunden oder** teilweise noch längere Standzeiten, um ausreichend mit der **Luftfeuchtigkeit auszuhärten**.

Klebstoffprofil der 90er Jahre

Abschließend ein Blick in die Zukunft mit der Frage, wie der Scheiben-Klebstoff der 90er Jahre aussehen wird. Bild 15 gibt einen Überblick über das Anforderungsprofil.

- **gute Haftung auf Glas und Lack ohne Primer**
- **Offenzeit >10 Minuten**
- **hohe Anfangshaftung (position tack)**
- **schnelle Aushärtung**
- **gute UV-Stabilität**
- **nicht leitfähig**

Bild 15: Anforderungen an den Klebstoff der 90er Jahre

Zusammenfassend kann gesagt werden, daß die Verklebung von Autoscheiben heute fester Bestand moderner Fertigungstechnik ist. Das Direkteinkleben von Scheiben in der Automobilindustrie hat die Leistungsfähigkeit moderner Klebstofftechnik bewiesen. Dies ist Motivation und Verpflichtung zugleich für die Klebstoffentwicklung, die noch offenen Wünsche der Anwender dieser Klebetechnik mit hohem Engagement zu erfüllen.

Innovationen auf dem Glassektor

G. Sauer

Entwicklungstendenzen

Das Glas stellt heute zusammen mit dem Blech einen wesentlichen Teil der Außenhaut des Kraftfahrzeugs dar. Die ursprüngliche Funktion des Glases war, ein Sichtloch zu bilden, durch das der Fahrer so gut wie möglich die Straße beobachten konnte und trotzdem vor den Einflüssen der Witterung geschützt war.

Im Ursprung bestanden folgende Forderungen an das Glas:
· Hohe Transparenz
· Geringe optische Verzerrungen
· Schutz vor Wind, Regen und umherfliegenden Gegenständen
· Schutz vor Verletzungen bei einem Unfall

Bild 1

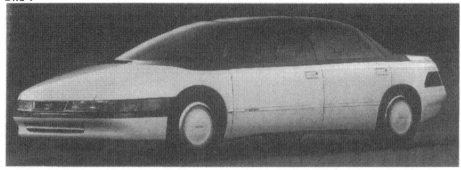

Bild 2

Bild 1 zeigt ein Fahrzeug aus der Anfangszeit des Automobils. Inzwischen ist aus den Gucklöchern der ersten Jahre ein integrales Stylingelement geworden. Bild 2 zeigt ein Beispiel aus der heutigen Generation. Die strenge Begrenzung zwischen Blech und Glas in Form eines Rahmens ist verschwunden. Die Glasflächen haben sich stark geneigt. Sie wurden damit automatisch vergrößert und bilden z.Z. eine Fläche von durchschnittlich 3,6 m². Die vergrößerte Oberfläche machte es erforderlich, dem Glas mehr Funktionen als zu Beginn seiner Entwicklung zu übertragen. Sie reizten allerdings auch den Entwickler, über neue Möglichkeiten der Anwendung nachzudenken.

Eine notwendige Funktion betraf die Sicherheit. Das einfache Fensterglas mußte veredelt werden, indem man es vorspannte oder schließlich mit Hilfe einer zähelastischen Folie zu einem Glas-/Kunststoffverbund verarbeitete.

Mit größer werdender Glasfläche bestand der Wunsch, der erhöhten Sonnenbelastung entgegenzuwirken, indem man das Glas mit einer Sonnenschutzfunktion versah.

Bei schlechtem Wetter und besonders im Winter beschlugen die Scheiben oder vereisten sogar. Als Gegenmittel führte man hier die beheizte Scheibe ein.

An einigen speziellen Beispielen soll hier erläutert werden, welche Zusatzfunktionen schon heute im Fahrzeugglas realisiert sind, bzw. welche Möglichkeiten bereits fertig entwickelt sind und in naher Zukunft in den Serienfahrzeugen zu finden sein werden.

SEKURIFLEX

Hinter dem Begriff SEKURIFLEX verbirgt sich eine neue Technologie, die die Sicherheitseigenschaften des Fahrzeugglases wesentlich verbessert. Die Grundidee für das Produkt besteht darin, beim Bruch einer Glasscheibe auftretende Splitter durch eine Kunststoffolie zu binden, so daß keine Haut- bzw. Augenverletzungen entstehen können.

Gelöst wurde das Problem durch die sogenannte SEKUREX-Folie, die auf die Innenseite der Glasscheibe aufkaschiert wird.
Bild 3 zeigt den Aufbau einer SEKURIFLEX-Windschutzscheibe.

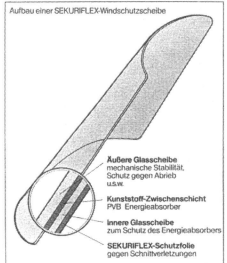

Bild 3   Bild 4

An die Qualität der Folie werden hierbei sehr hohe Anforderungen gestellt. Sie muß bei der Herstellung optische Eigenschaften wie Spiegelglas besitzen und darf diese beim Kaschiervorgang nicht verlieren. Sie muß chemisch beständig gegen die üblichen Reinigungsmittel sein. Gegen Verkratzen wurde sie geschützt, indem man ihr selbstheilende Eigenschaften gab.

Beim Aufprall des Kopfes auf diese Windschutzscheibe geht zwar das Glas zu Bruch, die SEKUREX-Folie bildet jedoch einen elastischen Schutzfilm, der die Kopfhaut vor Berührung mit scharfkantigen Splittern schützt. Bild 4 zeigt einen Dummy nach einem Aufprallversuch.

Das zur Simulation der Hautverletzungen aufgezogene Ledervlies ist trotz Scheibenkontaktes unverletzt.

Eine weitere Schutzwirkung besteht für den Fall, daß ein größerer Stein z.B. die Windschutzscheibe trifft und zerschlägt. Bei normalem Verbundglas lösen sich von der Innenseite der Scheibe feine Splitter und könnten dabei in die Augen der Insassen geraten. Die SEKUREX-Folie verhindert das.

SEKURIFLEX wurde als besonderes Sicherheitsteil konzipiert, kann jedoch noch andere Funktionen mit übernehmen. Durch gezielten Einbau von speziellen Stoffen, die verhindern, daß sich Kondenswasser in Tröpfchenform auf der inneren Oberfläche bildet, kann man SEKURIFLEX beschlaghemmend ausbilden. Dieser sogenannte hydrophile Charakter bewirkt, daß die Scheibe nicht beschlägt. Die Eigenschaft bleibt praktisch über die gesamte Lebensdauer erhalten, da die Folie ein sehr großes Reservoir für das Imprägnierungsmittel darstellt. Selbst beim intensiven Reinigen mit üblichen Glasreinigungsmitteln geht diese Eigenschaft nicht verloren.

SEKURIFLEX selbst hat bei uns in Deutschland seine Bedeutung als Lebensretter bei Auffahrunfällen verloren. Mit Einführung der Gurtanlegepflicht besteht kaum noch Gefahr für eine direkte Berührung des Kopfes mit der Windschutzscheibe. Lediglich für Länder ohne Anschnallpflicht ist dieser Aspekt noch interessant. Allerdings bleiben die anderen Eigenschaften, wie Splitterbindung und Antifogging, weiterhin interessant.

Panzerglas

Beschußhemmende Verglasung, oder auch volkstümlich Panzerglas genannt, hat die Aufgabe, das Leben von gefährdeten Personen, wie z.B. Staatsmänner, im Kraftfahrzeug zu schützen.

Wie der Name schon sagt, handelt es sich hier um einen speziellen Glasaufbau, der beim Auftreffen eines Geschosses nicht zerfällt, sondern dieses auffängt. Hierbei ist eine erhebliche Menge kinetischer Energie innerhalb kürzester Zeit zu vernichten.
Bild 5 zeigt Beispiele von verschiedenen Panzerglas-Aufbauten.

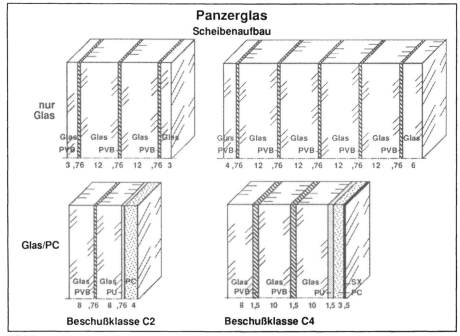

Bild 5

Im Prinzip handelt es sich um ein Mehrfach-Verbundglas. Spröde Glasscheiben werden zusammen mit schlagzähen Folien zu einem Verbund verarbeitet.

Bild 6

Das auftreffende Geschoß gibt seinen Impuls zunächst an die Masse des Glases weiter. Dieses verteilt die Energie auf eine größere Fläche. Die Vernichtung des Impulses geschieht durch plastische Verformung der Kunststoffolien durch Zerstörung des Glases. Um einen ausreichenden Schutz gewährleisten zu können, müssen mehrere Glaslagen aufeinanderlaminiert werden. Die Folge ist ein Panzerglas mit 62 mm Stärke und einem Flächengewicht von 150 kg/m². Durch einen optimierten Aufbau und durch Einsatz von "harten", schlagzähen Materialien wie Polycarbonat konnte die Panzerglasstärke auf 35,5 mm bei gleicher Sicherheit gesenkt werden. Bild 7 zeigt einen Überblick über die genormten Beschußklassen mit den entsprechenden Anforderungsprofilen.

Natürlich ist Panzerglas nicht nur als Planglas zu erhalten. Kraftfahrzeug-Panzergläser haben die gleiche Form wie normale Fahrzeuggläser. Man sieht heute kaum einen Unterschied zwischen gepanzerten und nicht gepanzerten Fahrzeugen. Lediglich ein Fachmann wird den Unterschied an der verstärkten Rahmengestaltung erkennen können.

Panzerglas
Beschußklassen

Auszug aus der DIN 52290, Teil 2

Beschuß-klasse	Kaliber	Geschoß-art*	Masse des Geschosses[g]	Geschwind. $V_{2,5}$ [m/s]	Energie d.Geschw. $E_{2,5}$ [J]	Schußent-fern.[m]
C1	9mmx19	VMR/Wk	8,00±0,10	355 bis 365	690	3
C2	.357 Magnum	VMKS/Wk	10,25±0,10	415 bis 425	910	3
C3	.44 Magnum	VMF/Wk	15,55±0,10	435 bis 445	1510	3
C4	7,62mmx51	VMS/Wk	9,45±0,10	785 bis 795	3255	10
C5	7,62mmx51	VMS/Hk	9,75±0,10	800 bis 810	3440	25

* VMR/Wk: Vollmantel-Rundkopfgeschoß mit Weichkern
VMF/Wk: Vollmantel-Flachkopfgeschoß mit Weichkern
VMKS/Wk: Vollmantel-Kegelspitzkopfgeschoß mit Weichkern
VMS/Wk: Vollmantel-Spitzkopfgeschoß mit Weichkern
VMS/Hk: Vollmantel-Spitzkopfgeschoß mit Hartkern

Bild 7

Isolierglas

Isolierglas gehört ebenfalls zur Familie der Verbundgläser und ist heute ein Standardprodukt in Gebäuden. Hier wird es primär zum Wärmeschutz eingesetzt, wobei die Schallschutzeigenschaften zunehmende Bedeutung gewinnen.

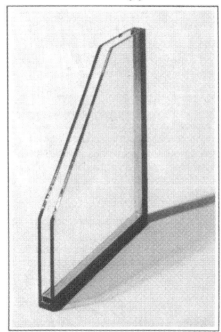

Bild 8

Bild 8 zeigt den Aufbau einer Isolierglasscheibe. Bei der Dimensionierung versucht man einen Kompromiß zwischen Paketstärke, Gewicht und Funktion zu erreichen. Das Glaspaket besteht aus zwei 3 mm starken, thermisch vorgespanntem Sicherheitsgläsern mit einem 3 mm starken Luftspalt dazwischen. Zur Verbesserung der Sonnen- bzw. Wärmeschutzeigenschaften lassen sich Beschichtungen auftragen, oder das Glas kann grün eingefärbt werden.

Eine besondere Aufgabe fällt dem Randbereich des Glaspakets zu. Hier befindet sich eine Rahmenkonstruktion, der verschiedene Aufgaben zukommen. Zunächst wird durch sie ein präziser Abstand zwischen den beiden Gläsern eingestellt und damit die Gesamtstärke des Isolierpakets festgelegt. Durch entsprechende Materialauswahl muß gewährleistet sein, daß keine Feuchtigkeit in den Luftspalt eindringen kann. Gleichzeitig erhält der Rahmen ein Trockenmittel, um den Taupunkt des Zwischenraumes auf einen Temperaturwert zu legen, der im Normalbetrieb nicht erreicht wird. Ein üblicher Wert ist -20°C, d.h. erst unter -20°C kann sich ein Eisansatz im Inneren des Isolierpakets bilden.

Schließlich muß die Rahmenkonstruktion eine erhebliche Belastung aufnehmen, da das Fahrzeug sowohl in Meereshöhe als auch auf einem Berg in 2.000 m Höhe betrieben werden kann. Das gleiche gilt für den Temperaturbereich von -40 und +85°C.

Isolierglas im Kraftfahrzeug ist an allen Stellen außer der Windschutzscheibe sinnvoll. Eine wichtige Aufgabe des Isolierglases ist die Geräuschdämmung. Bild 9 zeigt eine Vergleichsmessung zwischen einem Normalverglasten Fahrzeug und einem solchen mit Isoliergläsern im Seitenbereich.

Man sieht, daß die Unterschiede im wesentlichen im

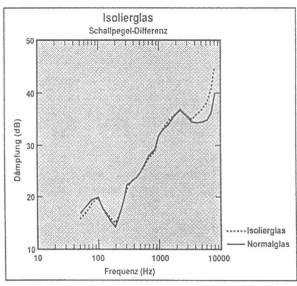

Bild 9

hohen Frequenzbereich auftreten. Da hier die höchsten Energien bei Windgeräuschen auftreten, ist Isolierglas hier besonders effektiv.

Die Wärmeschutzwirkung des Isolierglases äußert sich durch eine Erhöhung der Glasoberflächentemperatur. Daraus resultiert eine größere Behaglichkeit bei niedrigen Außentemperaturen.

Bild 10 zeigt die Wirkung des Isolierglases auf die Behaglichkeit im Fahrzeuginneren.

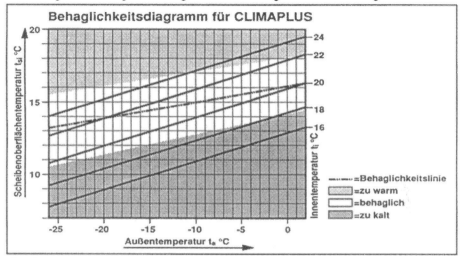

Bild 10

Farbkeil

Einen Farbkeil oder auch Bandfilter genannt findet man häufig bei amerikanischen Windschutzscheiben, und zwar besonders bei Fahrzeugen, die in Regionen mit viel Sonne, wie Kalifornien und Florida, gefahren werden. Hauptfunktion des Farbkeils ist seine Blendschutzwirkung gegen tiefstehende Sonne.

Farbkeile gibt es in den Ausführungen grün, blau und braun mit Lichttransmissionswerten zwischen 8 und 12%. Man hat erkannt, daß mit dem Blendschutz auch gleichzeitig eine Sonnenschutzwirkung verbunden ist, da die Energiestrahlung im Farbkeilbereich entsprechend reduziert wird.

Bild 11

Man hat weiterhin erkannt, daß die Blendschutzwirkung eines Farbkeils auch an anderer Stelle der Windschutzscheibe genutzt werden kann. Jeder Autofahrer hat sicherlich schon einmal eine Nachtfahrt bei Regenwetter auf der Landstraße bei Gegenverkehr erlebt und sich als Blinder in einem Meer von Lichtern gefühlt.

Selbst Lichtreflexe auf trockener Straße und auf der eigenen Motorhaube sind Grund genug, über Abhilfe nachzudenken.

Hier wurde mit Erfolg ein Farbkeil im unteren Scheibenbereich eingesetzt.
Bild 11 zeigt die Wirkung einer solchen Scheibe nachts bei regnerischem Wetter. Die Lichtreflexe von der Straße und von der Motorhaube sind weitestgehend verschwunden.

Schmutzabstreifer

Es sind meist Kleinigkeiten, die das Autofahren erleichtern. So ist es auch mit dem Schmutzabstreifer. Das sind schmale, kaum sichtbare erhabene Linien im unteren Scheibenbereich außen auf der Windschutzscheibe. Sie wirken für den Scheibenwischer wie ein Fußabtreter für die Füße. Der Schmutz, der vom Scheibenwischer über die Scheibe gewischt wird, und z.T. daran hängenbleibt und wieder zurückgenommen wird, wird beim Überfahren der Schmutzabstreifer entfernt.

Die Wirkung sieht man in Bild 12, wo zwei Wisch/Waschzyklen mit und ohne Abstreifer dokumentiert wurden. Die Reinigungswirkung wurde durch eine Streulichtmessung überprüft.

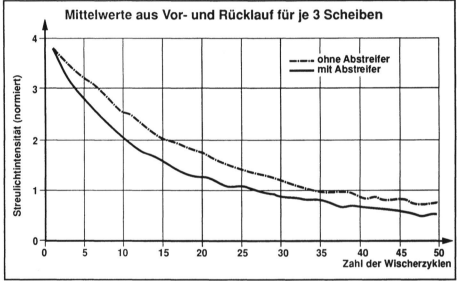

Bild 12

Bei Langzeittests konnte festgestellt werden, daß mit Abstreifern versehene Scheiben wenige wischerbedingte Kratzer als normale Scheiben zeigen. Selbst abgenutzte Wischerblätter entfalten zusammen mit den Abstreifern eine wieder brauchbare Reinigungswirkung.

Scheibenantennen

Die Scheibenantenne kann man eigentlich nicht mehr zu den Innovationen zählen. Sie hat sich inzwischen in praktisch allen Fahrzeugtypen etabliert. Alle Gläser eines Fahrzeugs können für Scheibenantennen eingesetzt werden. Bevorzugt nimmt man die Windschutzscheibe und die Rückwandscheibe.

Scheibenantennen nutzen die elektrische Isolationswirkung des Glases aus. Durch Aufdrucken eines Leiters oder durch Einlegen eines Drahtes mit geeigneter Konfiguration kann eine Antenne realisiert werden.

Für die freie Gestaltung einer Antenne bietet sich die Windschutzscheibe an. Deshalb begann die Entwicklung der Scheibenantenne mit der Windschutzscheibe.

Mit den Parametern Länge, Abstand und Verlauf des Leiters lassen sich Gewinn, Richtwirkung, Impedanz und Störabstand einstellen. Jede Scheibenantenne wird auf den Fahrzeugtyp hin optimiert.

Man unterscheidet passive und aktive Scheibenantennen. Aktive enthalten zusätzlich einen Verstärker, der den Ausgangspegel und die Fußpunktimpedanz der Antenne korrigiert. Das ist besonders dann nötig, wenn man die Rückwandscheibe als Antenne nutzen will.

Heute hat praktisch jedes Fahrzeug eine heizbare Rückwandscheibe. Es bietet sich an, das Heizfeld selbst als Antenne zu benutzen. Hierzu muß allerdings eine Voraussetzung erfüllt sein: Das Heizfeld darf keinen undefinierten Kontakt mit der Karosserie besitzen. Da die Geometrie des Heizfeldes durch die Sichtbedingungen festliegt, sind keine Veränderungen der geometrischen Parameter möglich. Der Impedanzabgleich kann daher nur durch ein vorgeschaltetes Netzwerk erfolgen, das auch gleich den Verstärker für die Pegelanpassung beinhaltet.

Bild 13

Rückwandscheibenantennen sind generell schon wegen des langen Kabels zum Empfänger als aktive Antennen auszuführen.

Die Möglichkeit, in der Fahrzeugverglasung an verschiedenen Stellen fast unsichtbare Antennen unterzubringen, reizt natürlich die Entwicklung zu weiteren Verbesserungen. Das führte zum Antennen-Diversity-Empfangssystem.

Bild 13 zeigt die Komponenten eines solchen Systems.

Antennen-Diversity nutzt den Umstand aus, daß sich an einem Fahrzeug immer Stellen finden lassen, an denen der Empfang ungestört ist. Bringt man mehrere Antennen am Fahrzeug an, so ist die Wahrscheinlichkeit, eine Antenne mit gutem Empfang dabeizuhaben, größer als bei einer einzelnen Antenne.

Bild 14 zeigt die Verbesserung eines Diversity-Empfangs in Abhängigkeit von der Antennenzahl.

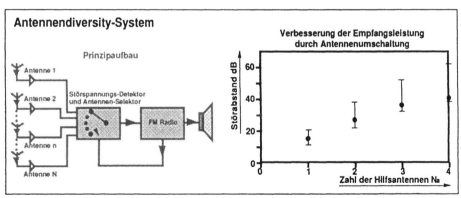

Bild 14

Heizscheiben mit Sonnenschutzfunktion

Bekannt sind an Fahrzeugen heizbare Rückwandscheiben mit einem aufgedruckten Leitersystem, das zum Entfeuchten der Scheibe an das Bordnetz gelegt werden kann. Weniger bekannt sind Heizscheiben, die durch eingelegte, fast unsichtbare Drähte den gleichen Zweck erfüllen. Kaum bekannt sind Heizscheiben, die einen hauchdünnen Metallfilm tragen, der durch Stromfluß aufgeheizt wird.

Diese sogenannten Dünnfilm-Heizscheiben wurden speziell für die Windschutzscheibe entwikkelt. Der Metallfilm aus Silber hat noch eine zusätzliche Eigenschaft: Er reflektiert Wärmestrahlen.

Bild 15 zeigt die strahlungsphysikalischen Werte einer solchen Scheibe im Vergleich zu einer weißen, bzw. grünen Verglasung

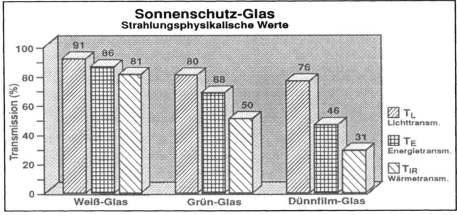

Bild 15

Die Sonnenschutzfunktion ergibt sich vorwiegend aus der Tatsache, daß der nahe Infrarotbereich, in dem die Sonne etwa 40% ihrer Energie abstrahlt, herausgefiltert wird. Da die menschliche Haut in diesem Bereich besonders empfindlich ist, empfindet man die so gefilterte Sonnenstrahlung als weniger unangenehm.

Dünnfilm-Heizscheiben sind für den Winterbetrieb besonders interessant wegen ihrer Schnellabtauwirkung. Zusammen mit einer speziellen Generatorsteuerung ist es möglich, Heizleistungen im kW-Bereich zu erzeugen und damit z.B. die Windschutzscheibe in Minutenschnelle von einer Eisschicht zu befreien. Hierzu wird die normale Lichtmaschine kurzzeitig vom Bordnetz getrennt und auf einen höheren Spannungswert geregelt. Bei einem Spannungswert von 60 V ergibt sich so eine Heizleistung von 1900 W.

Setzt man diese Art Heizscheiben bei einem 28 V-Bordnetz ein, so erhält man bereits ohne spezielle Maßnahmen eine Heizleistung von 400 W.

Bild 16 zeigt die Abhängigkeit der Heizleistung einer Dünnfilm Heizscheibe von der Betriebsspannung.

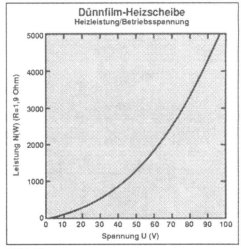

Bild 16

Solarglas

Jeder von uns kennt das unangenehme Gefühl, in ein Fahrzeug einsteigen zu müssen, das stundenlang in der Sonne geparkt wurde. Hier bekommt man in vollem Umfang den Treibhauseffekt zu spüren, der wegen fehlender Zwangsentlüftung Temperaturen von 80°C und mehr erzeugen kann. Selbst die bestmögliche Sonnenschutzverglasung kann dies nicht verhindern. Sie verzögert höchstens den zeitlichen Anstieg der Temperatur.

Um diesen Zustand zu mildern, wurde die Solarlüftung entwickelt. Sie besteht aus einem Glasdach, das anstelle eines Blechdeckels in das Fahrzeugdach eingebaut wurde. Hinter dem Glas befinden sich photovoltaische Elemente aus kristallinem Silizium, die zu einem Solarmodul verschaltet wurden.

Bild 17 zeigt das Gesamtsystem der Solarlüftung.

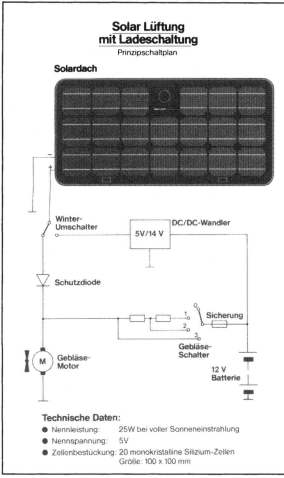

Bild 17

Das Solarmodul wird direkt mit dem Fahrzeuglüfter verbunden. Dieser läuft los, sobald die Sonne scheint und tauscht die heiße Innenluft gegen frische Außenluft aus.

Im Winter, wenn die Lüftung nicht gebraucht wird, kann die elektrische Energie zum Aufladen der Batterie genutzt werden. Hierzu ist ein Ladewandler erforderlich, der die Modulausgangsspannung auf die Ladespannung der Batterie von 14 V hochtransformiert.

Ein typisches Solardach gibt bei voller Sonneneinstrahlung eine Leistung von 25 W ab. Dies entspricht in etwa der Leistung, die ein Fahrzeuglüfter in Stufe 1 aufnimmt. Die Stufenschaltung wird üblicherweise durch entsprechende Vorwiderstände eingestellt. So ergibt sich am Lüftermotor in Stufe 1 eine Betriebsspannung von ca. 5 V. Sorgt man dafür, daß das Solarmodul ebenfalls 5 V abgibt, so erhält man eine optimale Leistungsanpassung, d.h. die gesamte elektrische Energie des Solarmoduls wird praktisch vom Lüfter zum Lufttransport genutzt.

Die Wirkung der Solarlüftung ist in Bild 18 zu erkennen.

Hier wurden 2 gleiche Fahrzeuge in der Sonne geparkt und die Innenraumtemperatur in Kopfhöhe gemessen. Eines der Fahrzeuge war solarbelüftet. Man sieht am Ende einer Stunde eine Temperaturdifferenz von ca. 10°C. Hierzu muß bemerkt werden, daß ja nicht nur die Luft diese Temperatur annimmt, sondern auch die Sitze und Verkleidungen. Die erhöhte Lufttemperatur läßt sich schnell beseitigen,

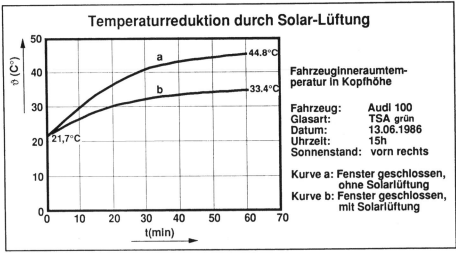

Bild 18

indem man vor der Fahrt die Türen kurz öffnet. Die Oberflächen der Sitze und Wände bleiben jedoch relativ lange auf einem hohen Temperaturniveau und erzeugen durch intensive Wärmestrahlung ein Klima der Unbehaglichkeit.

Solardächer mit kristallinen Zellen sind nicht transparent. Eine Neuentwicklung ändert diesen Zustand. Anstelle der kristallinen Zellen tritt eine amorphe Struktur. Man nennt diese Struktur auch Dünnfilm-Zelle. Diese Zellenart wird hierbei direkt auf die Glasoberfläche aufgedampft und bildet einen dünnen teiltransparenten Film, der Strom abgeben kann. Der Wirkungsgrad einer Dünnfilm-Zelle liegt zwar unter dem einer kristallinen. Durch eine bessere Flächenausnutzung wird jedoch eine Ausgangsleistung von 15 Wp bei einem vergleichbaren Glasdach erreicht.

Head-up-Display

Die Windschutzscheibe stellt für den Fahrer die wichtigste Informationsquelle dar. Er kann durch sie ohne Schwierigkeiten das Verkehrsgeschehen vor sich beobachten. Selbst die rückwärtige Straße erscheint in dem hier angebrachten Rückblickspiegel.

Es gibt wichtige Vorgänge, die der Fahrer nicht sofort erkennt, da sie sich nicht im Sichtfeld bemerkbar machen. Dies sind Instrumenteninformationen, die auch heute schon vorhanden sind, aber an einer Stelle erscheinen, die nicht direkt im Sichtfeld des Fahrers liegt, nämlich im Armaturenbrett.

Es handelt sich hier vorwiegend um Sekundärinformationen, die nur im Bedarfsfall abgerufen werden müssen. Das sind z.B. die Geschwindigkeit, die Drehzahl, die Tankfüllung usw. Unter Umständen können diese Informationen allerdings auch zu Primärinformationen werden, z.B. bei Geschwindigkeitsbeschränkung, leerem Tank, Übertemperatur oder Abfall des Öldrucks. Zur Erfassung der Information auf dem Armaturenbrett ist der Fahrer gezwungen, seinen Blick kurzzeitig vom Verkehrsgeschehen abzuwenden. Das kann in kritischen Situationen gefährlich werden.

Eine Möglichkeit der Verbesserung besteht in der Einspiegelung von wichtigen Informationsdetails in die Windschutzscheibe.
Bild 19 zeigt eine solche Anordnung im Prinzip.
Es handelt sich hier um ein sogenanntes Head-up-Display, d.h. eine Anzeige, die mit aufrechtem Kopf beobachtet werden kann. Die Information wird als selbstleuchtendes Detail, z.B. als Zahl oder Pfeil mit Hilfe von elektronischen Mitteln in der Armaturenbrettabdeckung dargestellt und

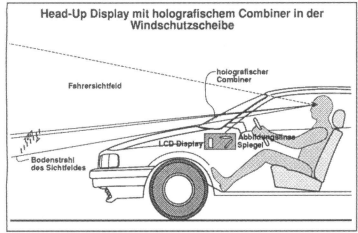

Bild 19

so über die Windschutzscheibe in das Auge des Fahrers gespiegelt, daß er den Eindruck hat, das Bild des Pfeils erscheine vor ihm auf der Straße. Die Reflexion erfolgt entweder direkt auf der Glasoberfläche oder in einem speziell präparierten Teil der Windschutzscheibe.

Hier wurde ein holographischer Spiegel in das Glas eingebaut, der nur unter einem bestimmten Winkel und nur für eine bestimmte Farbe wirksam wird. Ansonsten ist von dem Spiegel nichts zu sehen. Die Neigung des Spiegels kann individuell eingestellt werden und muß nicht mit dem Neigungswinkel des Glases übereinstimmen. Selbst die Krümmung des Glases wirkt sich nicht auf die Planität des Spiegels aus. Mit dem Spiegel können auch optische Abbildungen durchgeführt werden, so daß der Pfeil im Unendlichen erscheint. Damit entfällt für das Auge die sonst nötige Akkumulation.

Bild 20

Bild 20 zeigt eine mögliche Darstellung eines Richtungspfeils für eine empfohlene Abbiegung nach rechts, eine Skala mit 80 als Wert für eine Geschwindigkeitsbegrenzung und einen Pfeil für die tatsächlich gefahrene Geschwindigkeit.

Anisotrope Sonnenschutzverglasung

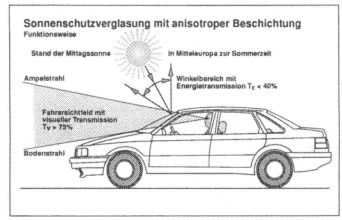

Bild 21

Das Prinzip des virtuellen Spiegels in einem Hologramm bietet noch andere interessante Anwendungsmöglichkeiten im Kraftfahrzeug, wie z.B. die Sonnenschutzwirkung.

Hierbei wird wiederum die winkelselektive Reflexionseigenschaft eines Hologramms ausgenutzt. Man belegt z.B. eine Windschutzscheibe ganzflächig mit einer holographischen Schicht, die für den

Winkelbereich, unter dem die Sonne im Sommer ihre höchste Strahlungswirkung entfaltet, als Spiegel wirkt. Dieser reflektiert dann die Sonnenstrahlung, so daß sie nicht durch das Glas in das Fahrzeug eindringen kann und damit auch keine Wärmewirkung entfalten kann.

Da die Reflexionswirkung nur in Richtung auf den Himmel aktiv ist, wird die Sicht auf die Straße nicht behindert.

Die optisch anisotrop wirkende Schicht ergänzt somit die Wirkung spektral selektiver Sonnenschutzgläser, da sie auch den im sichtbaren Licht enthaltenen Energieanteil ausblendet. Vorteilhaft ist, daß die Ausblendung nicht durch Absorption, sondern durch Reflexion erfolgt.

Bild 21 zeigt die Funktion einer solchen anisotropen Sonnenschutzverglasung.

Zusammenfassung

Die hier angeführten Beispiele zeigen nur eine sehr begrenzte Auswahl von Möglichkeiten, die sich bei der Ausgestaltung der Fahrzeugverglasung als Funktionsglas ergibt. Alle Möglichkeiten sollen dazu dienen, den Fahrzeugverkehr sicherer zu machen, wobei die größere Behaglichkeit durchaus als Mittel zu diesem Zweck zu sehen ist.

Gerade im letzten Beispiel, dem Head-up-Display, sind noch viele Möglichkeiten der Ausgestaltung vorhanden. Man erkennt allerdings auch die Gefahr der Übertreibung. Hier sollte sich der Entwickler immer fragen, ob die Ausgestaltung notwendig oder Spielerei ist.

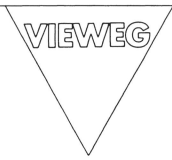

Willi Geib (Hrsg.)
Geräuschminderung bei Kraftfahrzeugen

Referate der Fachtagung Lärmminderung.
1988. VIII, 316 Seiten. (Fortschritte der Fahrzeugtechnik, Band 2.) Kartoniert.

Inhalt: Standort der Akustik innerhalb der Automobil-Entwicklung – Fahrzeuginnenakustik von PKW – Schallabstrahlung von Karosserie-Teilflächen nach innen und außen – Arbeitsmethoden zur Optimierung passiver Maßnahmen am Fahrzeug – Neue Perspektiven für Schallisolationen durch praxisorientierte Meßtechnik – Bremsenquietschen – Akustik-Verbesserung durch Serienoptimierung – Subjektive Akustik – ein objektives Mittel der Geräuschbeurteilung? – Schallintensität, die bekannte Unbekannte – Niedrige Fahrzeug-Außengeräusche und hohe Fahrsicherheit – ein Zielkonflikt? – Der BMW-Außengeräusch-Prüfstand und seine Einsatzmöglichkeiten zur Fahrzeug-Geräuschreduzierung – Geräusche am Verbrennungsmotor: Anregung – Ausbreitung – Abstrahlung – Einfluß des Katalysators auf Akustik und Leistung – Entwicklungsschwerpunkte bei der Nutzfahrzeug-Akustik – Akustisch/schwingungstechnische Fahrzeug-Gesamtabstimmung am Beispiel des 7'er BMW (6- und 12-Zylinder-Varianten).

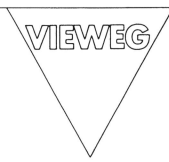

Waldemar Stühler (Hrsg.)
Fahrzeugdynamik

Reifenmodelle, Antriebsstrang, Gesamtfahrzeug, Schwingungseinwirkung. Referate der 2. Fahrzeugdynamik-Fachtagung.

1988. X, 282 Seiten. (Fortschritte der Kraftfahrzeugtechnik, Bd. 1.) Kartoniert.

Die 2. Fahrzeugdynamik-Fachtagung 1988 befaßte sich mit verschiedenen Reifenmodellen und deren Einfluß auf das Schwingungsverhalten von Fahrzeugen. Im Vordergrund standen Simulationsmodelle, Meßtechniken und Strategien zur Minderung der Schwingungsneigung bzw. -einwirkung.
Die Anwendungsbereiche beziehen sich auf PKW, Nutz- und Schienenfahrzeuge.

Zur Reihe „Fortschritte der Kraftfahrzeugtechnik":
Die in dieser Reihe erscheinenden Bücher geben einen Querschnitt durch die moderne Kraftfahrzeugtechnik. Auf wissenschaftlichem Niveau werden Ergebnisse der Forschung zusammengetragen, Tests und Entwicklungen bewertet, Methoden zur Lösung von Problemen vorgestellt.

Damit soll die Reihe Forum für die Beteiligten des Arbeitsfeldes Kraftfahrzeug sein.

Die Reihe hat sich zum Ziel gesetzt, die Theorie aufzuarbeiten, ohne dabei den Blick auf die Anwendungen zu verlieren. Sie verbindet so die naturwissenschaftlichen Grundlagen mit der ingenieurmäßigen Anwendung.

Printed in Germany
by Amazon Distribution
GmbH, Leipzig